新能源类专业教学资源库建设配套教材

- 广东省"十四五"职业教育规划教材
- 技工教育和职业培训"十四五"规划教材

光伏组件制备工艺

- 段春艳　胡昌吉　主编
- 冯泽君　林　涛　李　姗　副主编
- 戴裕崴　主审

化学工业出版社

·北京·

内容简介

本书按照项目化教学组织教材内容，融入新技术、新工艺、新产品，全面反映新时代教学改革成果，并将创新创业教育与实践训练贯穿整个教学过程。

本书是以"做"为中心的教学做一体化的新形态工作手册式教材，包含四个项目：环氧树脂胶光伏组件的设计与制作、常规层压光伏组件的设计与制作、半片光伏组件的设计与制作、创新型光伏组件的设计与制作。每个项目按着项目订单、项目方案制订、版图设计与图纸绘制、项目产品制作、项目产品测试与优化的次序组织内容，与光伏组件产品开发及生产岗位要求相适应。本书配有二维码，扫描即可查看相应数字资源，同时配备国家新能源类专业教学资源库共享网络课程资源，有利于教学和自主学习。

本书适合作为高职院校光伏工程技术专业的教材，也可以作为光伏组件工艺工程师的学习用书，亦可供光伏相关专业的技术人员作为参考书。

图书在版编目（CIP）数据

光伏组件制备工艺/段春艳，胡昌吉主编.—北京：化学工业出版社，2022.8（2024.11重印）
新能源类专业教学资源库建设配套教材
ISBN 978-7-122-41447-2

Ⅰ.①光… Ⅱ.①段…②胡… Ⅲ.①太阳能电池-生产工艺-高等职业教育-教材 Ⅳ.①TM914.4

中国版本图书馆CIP数据核字（2022）第086487号

责任编辑：葛瑞祎　刘　哲　　　　　　　　　　　装帧设计：韩　飞
责任校对：刘曦阳

出版发行：化学工业出版社（北京市东城区青年湖南街13号　邮政编码100011）
印　　装：三河市双峰印刷装订有限公司
787mm×1092mm　1/16　印张17¼　字数432千字　2024年11月北京第1版第4次印刷

购书咨询：010-64518888　　　　　　　　　　　售后服务：010-64518899
网　　址：http://www.cip.com.cn
凡购买本书，如有缺损质量问题，本社销售中心负责调换。

定　价：49.00元　　　　　　　　　　　　　　　　　　　　版权所有　违者必究

新能源类专业教学资源库建设配套教材

建设单位名单

天津轻工职业技术学院 (牵头单位)
佛山职业技术学院 (牵头单位)
酒泉职业技术学院 (牵头单位)

(以下按照汉语拼音排列)
包头职业技术学院
常州轻工职业技术学院
哈尔滨职业技术学院
湖南电气职业技术学院
兰州职业技术学院
乐山职业技术学院
秦皇岛职业技术学院
衢州职业技术学院

新能源类专业教学资源库建设配套教材

编审委员会成员名单

主 任 委 员：戴裕崴
副主任委员：李柏青　薛仰全　李云梅
主 审 人 员：刘　靖　唐建生　冯黎成
委　　　员（按照姓名汉语拼音排列）

陈文明　陈晓林　戴裕崴
段春艳　方占萍　冯黎成
冯　源　韩俊峰　胡昌吉
黄冬梅　李柏青　李良君
李云梅　廖东进　林　涛
刘　靖　刘秀琼　皮琳琳
唐建生　王春媚　王冬云
王技德　薛仰全　张　东
张　杰　张振伟　赵元元

序

随着传统能源日益紧缺，新能源的开发与利用得到世界各国的广泛关注，越来越多的国家采取鼓励新能源发展的政策和措施，新能源的生产规模和使用范围正在不断扩大。《京都议定书》签署后，新的温室气体减排机制将进一步促进绿色经济以及可持续发展模式的全面进行，新能源将迎来一个发展的黄金年代。

当前，随着中国的能源与环境问题日趋严重，新能源开发利用受到越来越高的关注。新能源一方面可以作为传统能源的补充，另一方面可以有效降低环境污染。我国新能源开发利用虽然起步较晚，但近年来也以年均超过25%的速度增长。自《可再生能源法》正式生效后，政府陆续出台一系列与之配套的行政法规和规章来推动新能源的发展，中国新能源行业进入发展的快车道。

中国在新能源和可再生能源的开发利用方面已经取得显著进展，技术水平已有很大提高，产业化已初具规模。

新能源作为国家加快培育和发展的战略性新兴产业之一，国家已经出台和即将出台的一系列政策措施，将为新能源发展注入动力。随着投资光伏、风电产业的资金、企业不断增多，市场机制不断完善，"十三五"期间光伏、风电企业将加速整合，我国新能源产业发展前景乐观。

2015年根据教育部教职成函【2015】10号文件《关于确定职业教育专业教学资源库2015年度立项建设项目的通知》，天津轻工职业技术学院联合佛山职业技术学院和酒泉职业技术学院以及分布在全国的10大地区、20个省市的30个职业院校，建设国家级新能源类专业教学资源库，得到了24个行业龙头、知名企业的支持，建设了18门专业核心课程的教育教学资源。

新能源类专业教育教学资源库开发的18门课程，是新能源类专业教学中应用比较广、涵盖专业知识面比较宽的课程。18本配套教材是资源库海量颗粒化资源应用的一个方面，教材利用资源库平台，采用手机APP二维码调用资源库中的视频、微课等内容，充分满足学生、教师、企业人员、社会学习者时时、处处学习的需求，大量的资源库教育教学资源可以通过教材的信息化技术应用到全国新能源相关院校的教学过程，为我国职业教育教学改革做出贡献。

戴裕崴
2017年6月5日

光伏组件制备工艺

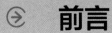

前言

《光伏组件制备工艺》是高职光伏工程技术专业的一门实践性很强的专业必修课。本教材融入了高职院校光伏工程技术专业教学做一体化教学改革的成果,结合了当前光伏组件生产行业的实际情况,具有较强的针对性和实用性。

本教材具有以下特点:

1. 全面反映新时代教学改革成果,按照项目化教学组织教材内容,融入新技术、新工艺、新产品。

在全面执行国家有关职业院校教材管理办法、人才培养方案修订的基础上,以课程为依托,全面融入新时代校企合作、创新教育、项目化教学和信息化改革等方面的教学改革成果,以培养光伏组件生产工艺工程师岗位的职业能力为主线,将项目化学习、自主学习、创新能力的培养贯穿教材全过程。

在长期教学工作经验的基础上,结合光伏行业项目化工作的特点,为了培养学生的项目执行能力,将教材内容通过四个逐阶递进的项目组织起来,主要包括环氧树脂胶光伏组件的设计与制作、常规层压光伏组件的设计与制作、半片光伏组件的设计与制作、创新型光伏组件的设计与制作。从常规的小型环氧树脂胶光伏组件到常规层压光伏组件,可使学生基本掌握常规组件的工艺,然后在此基础上,融入光伏组件行业的新技术工艺,如半片光伏组件的设计与制作,进而通过太阳能光伏光热一体化组件、彩色光伏组件、柔性光伏组件、光伏瓦等创新型光伏组件的项目,提升学生的创新思维和设计能力。项目设置由简入深,循序渐进,符合学生认知规律,有利于学生能力提升。

2. 以"做"为中心的教学做一体化的新形态工作手册式教材,教学资源库共建、共享。

根据职业院校学生的特点,教材全面落实"以学生为中心"的理念,按项目订单、项目方案制订、版图设计与图纸绘制、项目产品制作、项目产品测试与优化的次序组织内容,与光伏组件产品开发及生产岗位要求相适应。每个项目设置四个任务,每个任务有明确的任务单和学习指引。学习能力按照光伏组件工艺工程师职业岗位能力标准的要求分解到相应的项目和任务中。企业岗位标准、产品行业标准、质量检测标准等内容贯穿于工作任务过程,方便全面开展教学做一体化教学。学生学完本课程后,基本能够胜任光伏组件工艺工程师岗位的工作。

教材贯彻项目化教学改革的成果,结合学生的学习、实践特点,分为项目式教材和学生工作手册。学生学习的过程中,按照项目式教材中任务单指引,采用学生工作手册提供的"信息单""计划单""记录单""报告单""评价单"逐步学习,并完成项目产品的制作。各个任务单学习目标明确,效果评价清晰。通过实战化的项目学习,以及学生工作手册中详细的表格和评价记录,可针对性地提升学生的能力,学习效果显著可测,有利于培养学生的劳动精神和精益求精的工匠精神。

教材配备二维码数字资源,采用手机扫描教材上的二维码,可以获得在线数字资源。同时配备国家新能源类专业教学资源库共享网络课程资源,提供光伏组件岗位职业能力分析表、课程标准、课件、题库等内容，有利于实现教学资源库共建共享。

3. 落实立德树人根本任务，巧妙融入课程思政内容，努力实现职业技能和职业精神培养的高度融合。

项目化学习对学生具有一定的挑战性，学习过程能够增强学生的团队合作精神。教材将创新创业教育与实践训练贯穿于课程教学中，产品制作的过程中融入了劳动理念，产品的优化与测试有利于培养学生精益求精的工匠精神，融入创新型产品内容有助于培养学生的创新意识。另外，每个任务单后配以与本次任务主旨贴合的"能量小贴士"，将思政元素巧妙地穿插在课程学习中，对于培养学生职业素养、塑造学生正确的价值观有积极的作用，同时还可以使学生体会到中华传统文化的优美之处，增强其文化自信。

本教材由段春艳、胡昌吉担任主编，冯泽君、林涛、李姗担任副主编，戴裕崴担任主审。具体编写分工如下：项目一由段春艳、李姗、林涛共同编写，项目二由段春艳编写，项目三由胡昌吉编写，项目四由冯泽君和高兵共同编写，学生工作手册由段春艳编写，林涛负责配套教学资源的制作。编写过程中得到了广东五星太阳能股份有限公司、东莞南玻太阳能科技有限公司、广东金源光能股份有限公司等单位的大力支持与帮助，在此表示衷心的感谢！

由于编者水平有限，书中不足之处在所难免，恳请读者批评指正。

编　者

2022 年 4 月

目 录

光伏组件概述 　　1

学习目标 …………………………………………………………………… 1
学习任务 …………………………………………………………………… 1
　一、认识光伏组件 ……………………………………………………… 2
　二、光伏组件的类型 …………………………………………………… 3
　三、光伏组件相关的技术标准 ………………………………………… 3
　四、光伏组件的认证 …………………………………………………… 6
　【难点自测】 …………………………………………………………… 10

项目一　环氧树脂胶光伏组件的设计与制作　　11

项目介绍 …………………………………………………………………… 11
　一、项目背景 …………………………………………………………… 11
　二、学习目标 …………………………………………………………… 11
　三、项目任务 …………………………………………………………… 12
项目实施 …………………………………………………………………… 12
任务一　环氧树脂胶光伏组件的工作方案制订 ………………………… 12
　【任务单】 ……………………………………………………………… 13
　【必备知识】 …………………………………………………………… 13
　一、环氧树脂胶光伏组件的结构 ……………………………………… 13
　二、环氧树脂胶光伏组件的制作工艺流程 …………………………… 14
　三、环氧树脂胶光伏组件制作过程中所用的原材料、设备工具 …… 15
任务二　环氧树脂胶光伏组件的版型设计与图纸绘制 ………………… 16
　【任务单】 ……………………………………………………………… 16
　【必备知识】 …………………………………………………………… 17
　一、光伏组件的设计要点 ……………………………………………… 17
　二、光伏组件设计方法和实例 ………………………………………… 25
　三、光伏组件的结构设计要求 ………………………………………… 26
任务三　环氧树脂胶光伏组件的制作 …………………………………… 27
　【任务单】 ……………………………………………………………… 28

【必备知识】	29
一、激光划片工艺	29
二、焊接工艺	37
三、滴胶工艺	49
任务四 环氧树脂胶光伏组件的测试与优化	50
【任务单】	51
【必备知识】	51
一、环氧树脂胶光伏组件的测试要点	51
二、太阳能小车调试安装示例	52

项目二 常规层压光伏组件的设计与制作　　53

项目介绍	53
一、项目背景	53
二、学习目标	53
三、项目任务	54
项目实施	54
任务一 层压光伏组件的工作方案制订	54
【任务单】	55
【必备知识】	55
一、层压光伏组件的结构	55
二、层压光伏组件的制作工艺流程	56
三、层压光伏组件制作过程中所用的原材料、设备工具	56
任务二 层压光伏组件的版型设计与图纸绘制	57
【任务单】	58
【必备知识】	58
任务三 层压光伏组件的制作	59
【任务单】	60
【必备知识】	60
一、太阳电池分选	60
二、叠层铺设	68
三、层压	72
四、修边工艺	82
五、装边框工艺	83
六、安装接线盒工艺	85
七、清洗工艺	92
任务四 层压光伏组件的测试与优化	94
【任务单】	94
【必备知识】	95
一、层压光伏组件测试要点	95
二、太阳能交通警示灯调试安装示例	95

三、组件 I-V 测试 ·· 95

项目三　半片光伏组件的设计与制作　101

　项目介绍 ··· 101
　　一、项目背景 ·· 101
　　二、学习目标 ·· 101
　　三、项目任务 ·· 102
　项目实施 ··· 102
　任务一　半片光伏组件的工作方案制订 ······················· 102
　　【任务单】 ·· 103
　　【必备知识】 ··· 103
　　一、半片光伏组件的结构 ·· 103
　　二、半片光伏组件制作过程中所用的原材料、设备工具 ······· 103
　任务二　半片光伏组件的版型设计与版图绘制 ··············· 104
　　【任务单】 ·· 104
　　【必备知识】 ··· 105
　　一、半片光伏组件的版型设计 ··································· 105
　　二、半片光伏组件的优势 ·· 107
　　三、典型半片光伏组件的版型图 ······························· 108
　任务三　半片光伏组件的制作 ····································· 110
　　【任务单】 ·· 111
　　【必备知识】 ··· 111
　　一、光伏组件的封装材料 ·· 111
　　二、半片光伏组件的批量化生产工艺 ························· 125
　任务四　半片光伏组件的测试与优化 ··························· 132
　　【任务单】 ·· 132
　　【必备知识】 ··· 133
　　一、半片光伏组件出厂检验技术要求 ························· 133
　　二、层压半片光伏组件测试要点 ······························· 135

项目四　创新型光伏组件的设计与制作　136

　项目介绍 ··· 136
　　一、项目背景 ·· 136
　　二、学习目标 ·· 136
　　三、项目任务 ·· 137
　项目实施 ··· 137
　任务一　创新型光伏组件的工作方案制订 ······················ 137
　　【任务单】 ·· 137

【必备知识】 ……………………………………………………………… 138
　　　一、创意层压光伏组件 ………………………………………………… 138
　　　二、智能光伏组件 ……………………………………………………… 139
　　　三、太阳能光伏光热一体化组件 ……………………………………… 140
　　　四、彩色光伏组件 ……………………………………………………… 145
　　　五、异型光伏组件 ……………………………………………………… 147
　任务二　创新型光伏组件的版型设计与图纸绘制 …………………………… 149
　　【任务单】 ………………………………………………………………… 149
　任务三　创新型光伏组件的制作 ……………………………………………… 150
　　【任务单】 ………………………………………………………………… 150
　任务四　创新型光伏组件的测试与优化 ……………………………………… 151
　　【任务单】 ………………………………………………………………… 151

参考文献　　152

光伏组件概述

学习目标

1. 理解光伏组件的概念，了解太阳电池封装的原因；
2. 能够区分不同类型的光伏组件；
3. 了解不同工作环境下光伏组件的技术要求；
4. 了解光伏组件的技术标准。

学习任务

任务单
观察所在地区周围的光伏电站或光伏应用产品，任意选取3～5个不同类型的光伏电池板。分组完成以下8个任务，并制作PPT，分组汇报。 1. 分别判断每种光伏组件的类型。 2. 分别分析每种光伏组件的结构，画出结构简图。 3. 分别写出每种光伏组件的3～5个特点。 4. 查找资料，分别判断每种光伏组件的结构中所包含的材料。 5. 根据铭牌，分别确定每种光伏组件的功率、电压、电流等电学参数，列表标出。 6. 观察每种光伏组件的铭牌，分析确定其所贴的认证标识。 7. 分析每种光伏组件的实际应用场景，分析其必须要满足的外观、光学、电学性能。 8. 简单列出每种光伏组件应该要遵循的技术标准。 完成学生工作手册中"0-1-1 光伏组件概述信息单"表格内容。

能量小贴士

"见日之光，天下大明"。西汉透光铜镜背面的文字，展示了太阳在人类生活中所扮演的重要角色。高效利用太阳光，是双碳目标达成的一个重要方面。光伏组件正好是高效利用太阳光的一个核心部件，它把光能转换成电能，与其他电学部件连接而组成系统，然后进行实际应用。铜镜是古代简单利用太阳光的方式，光伏组件是现代采用先进的技术手段利用太阳光的方式。

一、认识光伏组件

在光伏产业链中（图0-1-1），太阳电池材料经过相应的工艺过程，形成太阳电池，太阳电池片经过封装成为光伏组件，然后才能作为独立的电源配件使用，与逆变器、光伏线缆等一起组成光伏发电系统、光伏电站，发电提供电力，供给各类电器使用。

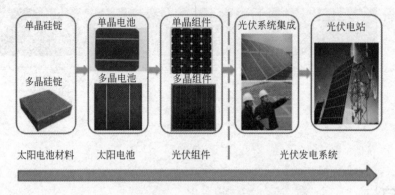

图0-1-1　光伏组件在光伏产业链中所处的位置

单个晶体硅太阳电池的输出电压、电流和功率都很小。根据单晶硅太阳电池片、多晶硅太阳电池片的类型、工艺、面积的大小不同，其工作电流大小也不同，工作电压通常只有0.6V，单个晶体硅太阳电池片的输出功率大约为5.5W。其电学性能与实际应用所需的电压、电流和功率相差较大，不能满足实际应用的技术要求。图0-1-2和图0-1-3列举了部分不同栅线和技术参数的太阳电池片。因此通常将单个太阳电池片封装成较大功率的光伏组件（图0-1-4），然后根据实际应用的需求进一步连接成为我们所看到的光伏阵列。

图0-1-2　不同技术参数的单晶硅太阳电池片

图0-1-3　不同技术参数的多晶硅太阳电池片

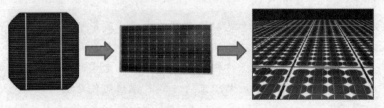

图0-1-4　太阳电池封装成光伏组件

(一) 光伏组件的定义

GB/T 6495.3—1996《光伏器件 第3部分：地面用光伏器件的测量原理及标准光谱辐照度数据》中给出了有关于太阳电池、光伏组件的界定。如下：

太阳电池（solar cell）：在太阳光照射时产生电的基本光伏器件。

组件（module）：具备完整的、环境防护措施的、内部相互联结的、最小的太阳电池组合体。

GB/T 19064—2003《家用太阳能光伏电源系统技术条件和试验方法》中给出了太阳能电池组件的定义，如下：

太阳能电池组件（photovoltaic modules）：具有封装及内部联结的、能单独提供直流电输出的最小不可分割的太阳能电池组合装置。光伏组件的特征见图 0-1-5。

(二) 光伏组件的基本要求

普通的单个晶体硅太阳电池片的电压较小、功率较小、容易碎裂，放置在空气中容易氧化，耐候性也较差，难以适应不同的户外应用场景。将其封装成组件后，恰恰可以避免上述缺点。只要有太阳的地方，就可以应用光伏组件发电。光伏组件封装的作用见图 0-1-6。

为了满足不同的地方如寒冷的北方、湿热的南方、水面、山地、建筑幕墙的应用需求，提高光伏组件的使用寿命，光伏组件需要满足如机械性能、密封性、抗辐射性、电绝缘性、可靠性、电气性能等的标准要求，并且需要考虑其封装成本、户外长期应用的转化效率降低幅度等问题。光伏组件封装的材料、工艺等都需要不断地改进技术工艺，提高组件的可靠性，满足25年的户外使用标准要求。

图 0-1-5　光伏组件的特征　　　　　图 0-1-6　光伏组件封装的作用

二、光伏组件的类型

太阳电池光伏组件的种类较多。按照太阳电池片的类型可以分为晶体硅光伏组件（单晶硅、多晶硅）、薄膜光伏组件（非晶硅、砷化镓、碲化镉等），见图 0-2-1。按照封装材料和工艺的不同，可以分为环氧树脂胶光伏组件、层压光伏组件、薄膜光伏组件、柔性光伏组件（图 0-2-2）。按照用途的不同，可以分为普通光伏组件、建材型光伏组件（图 0-2-3）。

建材型光伏组件：将太阳能电池和建筑物融合在一起，与作为建筑物的建材使用的外墙材料或屋顶材料等组合在一起的光伏组件。

三、光伏组件相关的技术标准

技术标准是不同厂家的光伏组件规范化设计、制造的标准规范，有利于组件的流通。目前，光伏组件相关标准涉及光伏组件性能、质量可靠性和环境耐候性、安全要求等。这些标准都是在设计和生产光伏组件过程中的重要参考依据。光伏组件质量检验的主要标准见表 0-3-1。

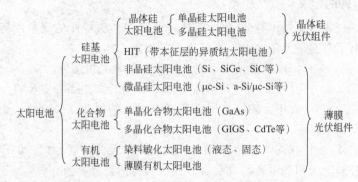

图 0-2-1 按照太阳电池片类型区分的光伏组件

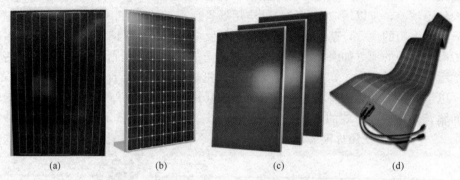

图 0-2-2 按照封装材料和工艺区分的光伏组件

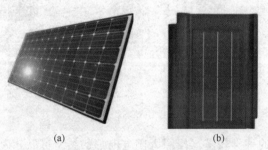

图 0-2-3 按照用途区分的光伏组件

表 0-3-1 光伏组件相关的技术标准

产品要求	技术标准
性能要求	GB/T 9535—1998《地面用晶体硅光伏组件 设计鉴定和定型》
	GB/T 18911—2002《地面用薄膜光伏组件 设计鉴定和定型》
	GB/T 18210—2000《晶体硅光伏(PV)方阵 I-V 特性的现场测量》
	SJ/T 11209—1999《光伏器件 第6部分:标准太阳电池组件的要求》
	JC-T 2001—2009《太阳电池用玻璃》
	GB/T 29848—2013《光伏组件封装用乙烯-醋酸乙烯酯共聚物(EVA)胶膜》

续表

产品要求	技术标准
质量可靠性和环境耐候性要求	GB/T 18912—2002《光伏组件盐雾腐蚀试验》
	GB/T 19394—2003《光伏(PV)组件紫外试验》
	SJ/T 9550.30—1993《地面用晶体硅太阳电池组件质量分等标准》
	IEEE 1262—1995《太阳电池组件的测试认证规范》
安全要求	GB/T 20047.1—2006《光伏(PV)组件安全鉴定 第1部分:结构要求》
	GB/T 20047.2—2006《光伏(PV)组件安全鉴定 第2部分:试验要求》

以团标 T/CECS 10043—2019《绿色建材评价 光伏组件》为例，分析光伏组件的评价指标，如表 0-3-2 所示。

表 0-3-2　光伏组件评价指标要求

一级指标	二级指标			基准值		
				一星级	二星级	三星级
资源属性	光伏玻璃	光伏透射比	2.0mm、2.5mm、3.2mm 镀膜	≥93.0%	≥93.5%	≥93.8%
			4.0mm 镀膜	≥92.5%		
			非镀膜	厚度=4mm 时，≥91.3%；厚度≤3.2mm 时，≥91.5%		
			BIPV 建筑光伏构件用玻璃	不作要求		
		单位产品能耗		—	符合标准中的基本要求	符合标准中的先进要求
		原片综合利用率		≥80%		
	封装材料乙烯-醋酸乙烯共聚物(EVA)、聚乙烯醇缩丁醛(PVB)等	外观质量、交联度(EVA)、180°剥离强度		分别满足 JG/T 450、JG/T 449 中性能要求		
能源属性	生产能耗/(kW·h/MWp)	晶硅光伏组件项目		≤60000		
		薄膜光伏组件项目		≤500000		
		HIT 技术光伏组件项目		≤1500000		
环境属性	EPD 核查报告及碳足迹报告			—	提供核查计算书	提供相关报告
品质属性	光伏组件	光电转化效率	多晶硅组件	≥16.0%	≥17.0%	≥18.0%
			单晶硅组件	≥16.8%	≥17.8%	≥18.9%
			硅基薄膜组件	≥8.0%	≥12.0%	≥13.0%
			GIGS 薄膜组件	≥13.0%	≥13.8%	≥14.5%
			碲化镉薄膜组件	≥12.0%	≥13.0%	≥14.0%
			其他薄膜组件	≥10.0%	≥12.0%	≥13.0%
			HIT 技术组件	≥18.8%	≥19.5%	≥20.5%
			BIPV 光伏构件	自我声明		

续表

一级指标	二级指标		基准值		
			一星级	二星级	三星级
品质属性	光伏组件	衰减率	多晶硅光伏组件	首年≤3.0%，以后每年≤0.8%	首年≤2.5%，以后每年≤0.7%	首年≤2.0%，以后每年≤0.5%
				25年≤20%		
			单晶硅光伏组件	首年≤3.5%，以后每年≤0.8%	首年≤3.0%，以后每年≤0.7%	首年≤2.5%，以后每年≤0.5%
				25年≤20%		
			薄膜光伏组件	首年≤6.0%，以后每年≤0.8%	首年≤5.0%，以后每年≤0.4%	首年≤4.0%，以后每年≤0.4%
				25年≤15%		
			HIT技术组件	首年≤2.0%，以后每年≤0.7%	首年≤1.5%，以后每年≤0.6%	首年≤1.0%，以后每年≤0.5%
				25年≤15%		

随着国内光伏产品应用市场的扩大，在碳达峰、碳中和的目标下，我国光伏应用市场更是大范围扩展。随着一带一路的推进，我国的光伏产品大量出口，国外市场不容忽视。因此，必须关注国际市场中关于光伏组件的标准，最典型的标准包括欧盟的IEC 61215《质量检测标准》和美国的UL 1703《质量检测标准》。这两套标准的最大差异是评估目的不同。

以UL 1703为代表的安全认证主要侧重于评估光伏产品在正常的安装、使用和维护过程中是否存在对相关人员及周边环境的危险，如电击、火灾等。而IEC 61215和IEC 61646则主要侧重于评估光伏组件在长期户外使用过程中的性能稳定性和可靠性，与UL 1703标准的评估重点不同。为此，IEC 61730-1和IEC 61730-2（光伏组件的安全认证）吸收了UL 1703、IEC 61215和IEC 61646的大部分内容，从而兼顾了光伏组件安全和性能的要求。

四、光伏组件的认证

按照国际标准化组织（ISO）和国际电工委员会（IEC）的定义，认证是指由国家认可的认证机构证明一个组织的产品、服务、管理体系符合相关标准、技术规范（TS）或其强制性要求的合格评定活动。因此，企业涉及的认证主要为管理认证（如ISO认证）和产品认证（如3C认证、UL认证等）两大类。管理认证包括质量（ISO 9000）、环境（ISO 14000）、职业健康安全（OHSAS 18000或GB/T 28000）三个部分。

关于产品认证，国际标准化组织（ISO）的定义是"由第三方通过检验评定企业的质量管理体系和样品型式试验来确认企业的产品、过程或服务是否符合特定要求，是否具备持续稳定地生产符合标准要求的产品的能力，并给予书面证明的程序"。世界上大多数国家和地区设立了自己的产品认证机构，使用不同的认证标志，来标明认证产品对相关标准的符合程度，如UL美国保险商实验室安全试验和鉴定认证、CE欧盟安全认证、VDE德国电气工程师协会认证、中国CCC强制性产品认证等，如图0-4-1所示。

如果一个企业的产品通过了国家著名认证机构的产品认证,就可获得国家级认证机构颁发的"认证证书",并允许在认证的产品上加贴认证标志。这种被国际上公认的、有效的认证方式,可使企业或组织经过产品认证树立起良好的信誉和品牌形象,同时让顾客和消费者也通过认证标志来识别商品的质量好坏和安全与否。目前,世界各国政府都通过立法的形式建立起这种产品认证制度,以保证产品的质量和安全、维护消费者的切身利益,这已经成为一种新的国际贸易壁垒。

(a) 列名 (b) 分级UL标志 (c) 认可 (d) CE认证

(e) VDE认证   (f) CCC认证

图 0-4-1　认证标志

光伏产品的认证就是国家认可的认证机构,如 TUV(技术检验协会)、IEC(国际电工委员会)、CQC(中国质量认证中心)对光伏企业的产品是否符合其相关标准的认证。光伏产品的认证可以分为两大类别:安全认证和性能认证。UL 1703 是第一个针对平板型光伏组件的安全标准,并被采用为美国国家标准,成为目前美国光伏组件安全认证的基础。

值得注意的是,标准颁发者并不亲自对产品进行测试测评,而是通过认证机构和授权实验室的方式来进行认证。例如,某个实验室取得了 IEC 的 IEC 61730-2—2004《光伏组件安全鉴定-测试要求》的认证资格,那么它就有权利根据这个标准对某个企业送检的组件产品进行安全鉴定。一旦产品通过鉴定,那么实验室就可以给该款产品颁发认证证书。因此需要分辨出每个认证品牌与它的认证机构之间的关系。

另一个值得注意的问题是,某个认证机构的一款认证标准,也可能得到其他认证机构的认同,只要进行测试的实验室得到了授权,那么在这个实验室测试通过这个标准的企业即可获颁多个认证标识。例如,TUV 南德意志集团和中国国家检测机构 CQC 以及日本的 JET 建立了互认关系,光伏产品通过 TUV 南德意志集团的认证,可以方便地取得 CQC 和 JET 的认证许可,从而更便捷地进入全球更多市场。

在光伏产品标签上,人们最常见和熟知的标识就是 TUV 和 IEC。IEC 的认证几乎可以在全球范围内得到认同,而 TUV 则是进军德国和欧洲市场的关键。不同的市场对认证的要求也不同,如表 0-4-1 所示,比如说进入美国市场需要取得 UL 认证,进入加拿大市场需要得到 CSA 认证。企业需要根据自己的销售策略和项目要求来选择申请哪一个认证。

表 0-4-1　光伏产品认证的适用地区

认证	适用地区	认证	适用地区	认证	适用地区
IEC	全球	CQC	中国	CES	美国加州
TaV	德国和欧洲	金太阳	中国	MCS	英国
CB	全球	AS	澳大利亚	CS	德国
UL	美国	MET	美国	MRE	韩国
CSA	加拿大	CE	欧盟	JET	日本
CNAS	中国	FSEC	美国佛罗里达州	ILAC	全球

中国质量认证中心（CQC）是中国国家认证认可监督管理委员会授权开展太阳能光伏产品认证的国家级认证机构，CQC光伏产品认证范围较广，涉及组件、逆变器、独立光伏系统、蓄电池、接线盒、汇流箱等，如表0-4-2所示。

表 0-4-2　CQC 光伏产品认证范围

认证范围	依据标准	送样要求	试验周期
地面用晶体硅光伏组件	GB/T 9535—1998（或 IEC 61215—2005）《地面用晶体硅光伏组件 设计鉴定和定型》	8个完整PV组件	约3个月
地面用薄膜光伏组件	GB/T 18911—2002（或 IEC 61646—2008）《地面用薄膜光伏组件 设计鉴定和定型》	8个完整PV组件	约3个月
光伏组件安全要求（适用于晶体硅和薄膜组件）	IEC 61730-1—2004《光伏组件安全鉴定 结构要求》 IEC 61730-2—2004《光伏组件安全鉴定 试验要求》	7个完整组件＋11个背膜＋6个接线盒＋1个接线导管	约3个月
光伏组件用接线盒	IEC 61730-1—2004《光伏组件安全鉴定 结构要求》 IEC 61730-2—2004《光伏组件安全鉴定 试验要求》	11个完整样品	约3个月
独立光伏系统（如太阳能路灯、太阳能草坪灯、太阳能庭院灯、太阳能景观灯、太阳能信号灯、太阳能水泵、太阳能充电器、太阳能手电筒、太阳能收音机、太阳能播放机等）	IEC 62124—2004《独立光伏系统 设计验证》	1套完整样品	约2个月
离网型控制器、逆变器及逆变控制一体机	GB/T 19064—2003《家用太阳能光伏电源系统技术条件和试验方法》 GB/T 20321.1—2006《离网型风能、太阳能发电系统用逆变器 第1部分：技术条件》 GB/T 20321.2—2006《离网型风能、太阳能发电系统用逆变器 第2部分：试验方法》 JB/T 6939.1—2004《离网型风力发电机组用控制器 第1部分：技术条件》 JB/T 6939.2—2004《离网型风力发电机组用控制器 第1部分：试验方法》	1套完整样品	约1个月
光伏并网系统用逆变器	CNCA/CTS 0006—2010（IEC 621091—2010）《光伏发电系统用电力转换设备的安全 第一部分：通用要求》 CNCA/CTS 0004—2009A《并网光伏发电专用逆变器技术条件（仅适用于金太阳示范工程产品认证）》	1套完整样品	约1个月
光伏系统用储能蓄电池（铅酸蓄电池和镍氢蓄电池）	GB/T 22473.1—2021《储能用蓄电池 第1部分：光伏离网应用技术条件》 IEC 61427—2005《太阳能光伏能量系统用蓄电池和蓄电池组一般要求和测试方法》	4～7个样品	约2个月
聚光型光伏模块和模组	CNCA/CTS 0005—2010（等同 IEC 62108—2007）《聚光型光伏组件和装配件-设计鉴定和定型》	7～9个样品	约12个月

续表

认证范围	依据标准	送样要求	试验周期
光伏汇流箱	CNCA/CTS 0001—2011《光伏汇流箱技术规范》	1个样品	2～3周
离网型风光互补发电系统	GB/T 19115.1—2003《离网型风光互补发电系统 第1部分:技术条件》 GB/T 19115.2—2003《离网型风光互补发电系统 第2部分:试验方法》	1套	约3个半月(在气象条件满足的情况下)
离网型风力发电机组	GB/T 19068.1—2003《离网型风力发电机组技术条件》 GB/T 19068.2—2003《离网型风力发电机组试验方法》	2台	约2个半月(在气象条件满足的情况下)
太阳能热水器	GB/T 19141—2011《家用太阳能热水系统技术条件》	1套系统	30个工作日
	GB 26969—2011《家用太阳能热水系统能效限定值及能效等级》	1套系统	30个工作日

CQC认证工作流程大致分为5个步骤,如图0-4-2所示。

1989年,Intertek成为第一家进入中国的国际第三方测试和认证公司。Intertek上海光伏实验室是中国地区首家能够进行IEC和UL标准测试的光伏组件实验室,拥有IEC和UL标准的全套测试设备,所有的测试都能在中国进行。Intertek是美国国家职业安全和健康委员会(OS-HA)的国家认可实验室(NRTL),经过Intertek测试的光伏组件可以在欧洲及北美市场畅通无阻,其所依照的测试标准如表0-4-3所示,光伏产品认证测试流程如图0-4-3所示。

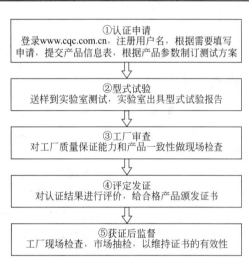

图 0-4-2 CQC认证工作流程

表 0-4-3 Intertek 光伏组件测试所依照的标准

标准号	标准名称
IEC/EN 61730-1	光伏组件安全鉴定 结构要求
IEC/EN 61730-2	光伏组件安全鉴定 试验要求
IEC/EN 61215	地面用晶体硅光伏组件 设计鉴定和定型
IEC/EN 61646	地面用薄膜光伏组件 设计鉴定和定型
IEC/EN 62124	独立光伏系统 设计验证
ANSI/UL 1703	平板光伏组件
ANSI/UL 1741	用于分布式电源的逆变器、变频器和互相连接系统的设备
IEC/EN 62108	太阳能聚光器(CPV)模块和组件
IEC/EN 62853	光伏组件性能测试和能量等级

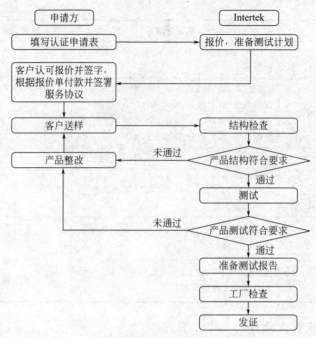

图 0-4-3　Intertek 光伏产品认证测试流程

【难点自测】

（1）单个单晶硅太阳电池的电压通常在（0.48～0.5）V。

（2）光伏组件是具有封装及（内部联结）的、能单独提供直流电输出的最小不可分割的太阳能电池组合装置。

（3）UL 1703 是针对（平板）型光伏组件的安全标准。

（4）柔性光伏组件通常采用（薄膜）太阳电池制造。

（5）建材型光伏组件是将太阳能电池和（建筑物）融合在一起，与作为建筑物的建材使用的外墙材料或屋顶材料等组合在一起的光伏组件。

项目一 环氧树脂胶光伏组件的设计与制作

项目介绍

一、项目背景

随着人民生活水平的提高,以及环保低碳、节能减排生活理念的宣传,采用太阳能供电的光伏应用小产品及玩具的使用越来越多。环氧树脂胶光伏组件是一类低成本、低功率的小型供电电源,在各类网络销售平台的太阳能小产品上可以看到该电源配件。

【订单】

某光伏工程技术专业学生的创业公司接到一批订单,需要制作太阳能小车用环氧树脂胶光伏组件。假设你是一名光伏专业创新创业学生团队的成员,到该创业公司实习,承担了该订单的任务工作。如何完成该订单任务呢?

二、学习目标

1. 能力目标

(1) 能够根据订单要求,制订环氧树脂胶光伏组件的项目工作方案;
(2) 能够绘制环氧树脂胶光伏组件的版型图;
(3) 能够单焊、串焊太阳电池单元,并使用滴胶工艺将太阳电池串封装成环氧树脂胶光伏组件;
(4) 能够使用万用表测试环氧树脂胶光伏组件的电流、电压。

2. 知识目标

(1) 熟悉环氧树脂胶光伏组件的结构;
(2) 掌握光伏组件的基本设计方法及版型图的绘制方法;
(3) 掌握激光划片机的设备结构、操作流程;
(4) 掌握单焊、串焊、滴胶工序的工艺流程。

3. 素质目标

(1) 初步形成独立分析、设计、实施、评估的能力;
(2) 诚实守信、工作踏实,能够按照操作规程开展工作;
(3) 初步形成质量意识和安全意识。

三、项目任务

项目一学习目标分解

任务	能力目标	知识目标	素质目标
任务一 环氧树脂胶光伏组件的工作方案制订	能够根据订单要求,制订环氧树脂胶光伏组件的项目工作方案	(1)熟悉环氧树脂胶光伏组件的结构; (2)了解环氧树脂胶光伏组件的制作工艺流程; (3)了解环氧树脂胶光伏组件制作过程所需的原材料、设备和工具	(1)具有一定的独立分析问题能力; (2)具有一定的自学能力
任务二 环氧树脂胶光伏组件的版型设计与图纸绘制	(1)能够根据客户需求,完成小功率的环氧树脂胶光伏组件的设计方案; (2)能够根据设计方案,采用Auto-CAD等软件绘制环氧树脂胶光伏组件的版型图	(1)掌握光伏组件的基本设计方法; (2)了解光伏组件版型图的内容和样式; (3)掌握光伏组件的版型图的绘制方法	(1)具有一定的独立设计能力; (2)具有精益求精的工匠精神
任务三 环氧树脂胶光伏组件的制作	(1)能够操作激光划片机,将太阳电池片切割成所需的太阳电池单元; (2)能够单焊、串焊太阳电池单元; (3)能够使用滴胶工艺将太阳电池串封装成环氧树脂胶光伏组件	(1)掌握激光划片机的设备结构、操作流程; (2)掌握单焊、串焊、滴胶工序的工艺流程	(1)具有将知识与技术综合运用的能力; (2)具有劳动精神; (3)具有团队协作能力
任务四 环氧树脂胶光伏组件的测试与优化	(1)能够使用万用表测量环氧树脂胶光伏组件的输出电流、电压; (2)能够将环氧树脂胶组件与简单光伏应用产品组装,使光伏应用产品正常工作; (3)能够分析环氧树脂胶组件制作工艺流程,给出优化措施	(1)掌握环氧树脂胶光伏组件的电学性能测试方法; (2)了解环氧树脂胶光伏组件不合格的主要原因	(1)具有一定的归纳、分析能力; (2)具有一定的表达能力; (3)具有一定的分析问题、解决问题能力

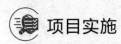 项目实施

任务一 环氧树脂胶光伏组件的工作方案制订

环氧树脂胶光伏组件是采用环氧树脂胶将太阳电池单元或太阳电池串封装、固化后的光伏组件,通常用于2W以下功率的小型光伏产品。

在制作环氧树脂胶光伏组件之前,首先需要分析客户需求,根据客户订单要求,分析制订环氧树脂胶光伏组件的项目工作方案。通常项目的工作方案包括客户需求、组件的结构尺寸、工艺步骤、原材料、设备工具、检验标准等内容。项目分析思路见图1-1-1。

完成该工作方案,通常需要以下几个步骤:

（1）根据订单，确定环氧树脂胶光伏组件的工艺流程。

（2）根据工艺流程，确定需要的原材料，做好备料。

（3）分析确定每一步工艺步骤所需要的设备和辅助工具。

（4）制订最终产品的检验标准，以便确定合格产品，不合格产品需要返修优化。

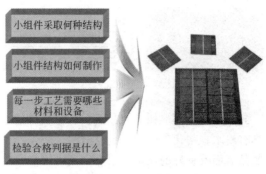

图 1-1-1　项目一分析思路

【任务单】

1. 学习必备知识，包括环氧树脂胶光伏组件的结构，了解制作工艺流程，环氧树脂胶光伏组件制作过程所需的工具、原材料。

2. 按照下表清单指引，依次完成学生工作手册中的表格要求内容，最终制订完成环氧树脂胶光伏组件的制备工作方案。需要按照顺序依次完成的学生工作手册表格清单如下：

序号	工作手册表格名称	是否完成
1	1-1-1 环氧树脂胶光伏组件的工作方案制订信息单	是□ 否□
2	1-1-2 环氧树脂胶光伏组件的工作方案制订准备计划单	是□ 否□
3	1-1-3 环氧树脂胶光伏组件的工作方案制订过程记录单	是□ 否□
4	1-1-4 环氧树脂胶光伏组件的工作方案制订报告单	是□ 否□
5	1-1-5 环氧树脂胶光伏组件的工作方案制订评价单	是□ 否□

能量小贴士

"上古之世，人民少而禽兽众，人民不胜禽兽虫蛇。有圣人作，构木为巢以避群害，而民悦之，使王天下，号之曰有巢氏。民食果蓏蚌蛤，腥臊恶臭而伤害腹胃，民多疾病。有圣人作，钻燧取火以化腥臊，而民说之，使王天下，号之曰燧人氏。"——《韩非子·五蠹》中关于匠人治国的案例。中国古代的匠人，至今仍是我们学习的榜样。即使是结构简单的环氧树脂胶光伏组件，也需要我们在制作过程中精益求精，才能得到合格的产品。

【必备知识】

一、环氧树脂胶光伏组件的结构

环氧树脂胶光伏组件主要由电池片、印制电路板（或TPT等材料的背板）、环氧树脂胶等组成，如图 1-1-2 所示。

环氧树脂胶封的光伏组件，透明的胶封面朝向太阳光的方向，阳光透过透明胶膜照射到太阳电池片上，发出的电通过正负极引线接入相应的负载电路或蓄电池。

通常环氧树脂胶光伏组件的功率很小，但又要满足相应的光伏应用产品的电压、电流的工作要求。由于整块的太阳电池片的功率、电压等不能满足需求，因此通常将完整的太阳电池片切割成不同尺寸大小的太阳电池小单元，然后焊接使用。

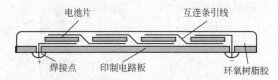

图 1-1-2　环氧树脂胶光伏组件结构示意图

封装胶采用环氧树脂水晶滴胶，它由高纯度环氧树脂、固化剂及其他成分组成。其固化产物具有耐水、耐化学腐蚀、无色透明、防尘、不易变质发黄的特点。使用该水晶滴胶除了对工艺制品表面有良好的保护作用外，还可增加其表面光泽与亮度，进一步增加表面装饰效果。

二、环氧树脂胶光伏组件的制作工艺流程

环氧树脂胶光伏组件制作工艺流程见图 1-1-3。

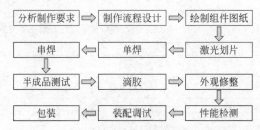

图 1-1-3　环氧树脂胶光伏组件制作工艺流程

具体的步骤如下：

（1）分析客户的制作要求，确定组件的尺寸、功率。

（2）确定制作流程，设计组件的版型布排。

（3）绘制组件版型布排图。

（4）根据组件图纸，选取电池片，激光划片（图 1-1-4）。

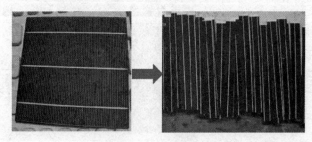

图 1-1-4　太阳电池片划片

（5）将电池片单面焊接上互连条。

（6）将电池片翻到背面，按照组件图纸布排，将电池片一正一负串联焊接成电池串（图 1-1-5）。

图 1-1-5　串焊

（7）在光照下测试其电流、电压性能，及时排除有故障的电池串。

（8）准备好底板材料，布排好电池串，开始滴胶（图1-1-6）；底板材料可以采用常规的TPT等背板材料，也可以采用电路板的底板。将底板清洁干净，裁剪或钻孔，预留两个孔；将布排好的电池串的正负极穿过底板的两个孔，放在底板的背面（图1-1-7）。

图1-1-6　滴胶

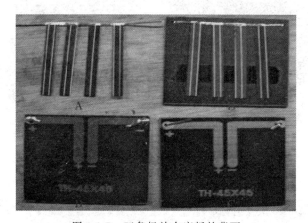

图1-1-7　正负极放在底板的背面

（9）固化完成后，修剪掉边角料，检查外观。

（10）对组件开展性能测试，电学性能完好后就可以和太阳能小车装配调试，需保证太阳能小车可以工作，则合格的环氧树脂胶光伏组件制作完成。

三、环氧树脂胶光伏组件制作过程中所用的原材料、设备工具

（一）原材料

在组件制作之前准备好所需要的原材料，主要包括太阳电池片、底板、焊带、焊锡，如图1-1-8～图1-1-11所示。

图1-1-8　太阳电池片　　　　　图1-1-9　底板

图 1-1-10 焊带

图 1-1-11 焊锡

(二) 设备工具

制作所需的设备和工具包括电脑（图 1-1-12）、绘图软件（AutoCAD）、激光划片机（图 1-1-13）、焊接台、可调温电烙铁、助焊剂、电烙铁测温仪、万用表、尺子、小刀。

图 1-1-12 电脑

图 1-1-13 激光划片机

任务二　环氧树脂胶光伏组件的版型设计与图纸绘制

光伏组件在制作之前需要设计并确定其外形尺寸、输出功率、电池片的排列布局等，也就是需要开展光伏组件的版型设计。光伏组件版型设计的过程是一个对电池组件的外形尺寸、输出功率、电池片排列布局等因素综合考虑的过程。设计者既要了解电池片的性能参数，还要了解电池组件的生产工艺过程和用户的使用需求，做到电池组件尺寸合理、电池片排布紧凑美观。

本任务主要是在任务一要求的设计方案、原材料准备的基础上，设计并确定太阳能小车用光伏组件的功率大小、尺寸大小、电池片的布排，并绘制光伏组件的版型图。具体步骤如下：

（1）确定环氧树脂胶光伏组件的功率大小、尺寸大小；

（2）根据太阳电池片原材料的尺寸、功率大小，计算所需要的太阳电池片数量，并综合考虑光伏组件的外形尺寸、布局、太阳能小车应用的光伏组件的功率大小等因素，确定光伏组件中电池片的布排方式，最终确定光伏组件的版型图；

（3）绘制光伏组件的版型图，为后续制作光伏组件做准备。

【任务单】

1. 学习必备知识，包括光伏组件的设计要点、设计方法和实例、结构设计要求。
2. 按照下表清单指引，依次完成学生工作手册中的表格要求内容，最终完成环氧树脂胶光伏组件的版型设计与图纸绘制。需要按照顺序依次完成的学生工作手册表格清单如下：

序号	工作手册表格名称	是否完成
1	1-2-1 环氧树脂胶光伏组件的版型设计与图纸绘制信息单	是□ 否□
2	1-2-2 环氧树脂胶光伏组件的版型设计与图纸绘制计划单	是□ 否□
3	1-2-3 环氧树脂胶光伏组件的版型设计与图纸绘制记录单	是□ 否□
4	1-2-4 环氧树脂胶光伏组件的版型设计与图纸绘制核验单	是□ 否□
5	1-2-5 环氧树脂胶光伏组件的版型设计与图纸绘制评价单	是□ 否□

能量·小贴士

"差之毫厘,谬以千里"。在光伏组件设计中,我们绝不能粗心大意,设计参数一定要十分准确,否则可能导致产品的质量不合格。

【必备知识】

一、光伏组件的设计要点

光伏组件的标准是其设计和生产的重要参考依据。光伏组件的设计主要考虑三个方面的内容,包括物理电学性能、使用环境、性价比。

(一)物理电学性能

光伏组件的物理电学性能要求(图1-2-1)包括外形尺寸、功率大小、峰值电压、电池片类型、承载、安装等;同时需要满足 IEC 61215、IEC 61730 或 UL 1703 等标准。

1. 外形尺寸

组件设计的外形尺寸需要综合考虑电学性能、材料、性价比等因素,并且通常需要考虑一些细节尺寸。此处给出一些参数供参考,部分参数会根据企业的标准等有所不同。

图1-2-1 物理电学性能设计要点

(1) 电池片横向间距3mm;

(2) 电池片纵向间距2mm;

(3) 横向电池片到玻璃的距离18.5mm或22.5mm;

(4) 纵向电池片到玻璃的距离14mm或12.5mm;

(5) 汇流带宽度5mm;

(6) 汇流带与汇流带、汇流带与电池片边缘间距8~10mm;

(7) 铝合金边框厚2mm,密封硅胶层厚1mm。

目前市场上的光伏组件,根据太阳电池片的栅线的数量、宽度等尺寸的不同,汇流带、焊带的宽度等有所差别,太阳电池片边缘到组件边缘的尺寸也会有所差异。

2. 功率和电压设计

光伏组件是将太阳电池片根据工作电压和输出功率的要求串并联连接起来的,然后通过专门的材料将太阳电池片封装起来的产品。因此,太阳电池片的串并联方式(图1-2-2)对组件的电性能将产生重大影响。下面简单分析一下太阳电池片串并联的情况对电性能的影响。

(1) 太阳电池片串联电路的分析

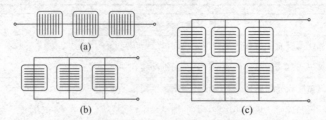

图 1-2-2 太阳电池片的串并联方式

① 两个电池片串联后的总电压等于两个电池片的电压和。两个电池片的电流是相等的,这意味着两个电池片电流失配使得总电流等于最小的电池片的电流,如图 1-2-3 所示。

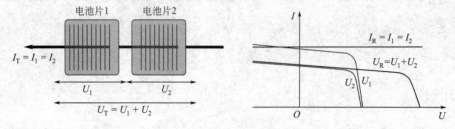

图 1-2-3 电流相等、电压不等的太阳电池片串联

② 短路电流相等的两个电池片串联后没有电流失配,总电流等于两个单体电池的电流,总电压等于两个单体电池电压的和,如图 1-2-4 所示。

在两个单体电池形成的电流源中,由于电流是光照产生的,并且电池组是短路的,所以流经单个电池的正向电流是 0,并且电池组的电压也是 0。

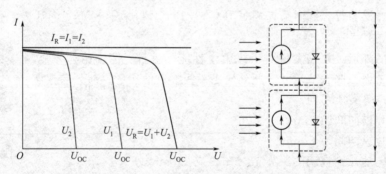

图 1-2-4 电流不相等、电压相等的太阳电池片串联

③ 短路电流不相等的两个电池片串联后会存在电流失配,总电流等于两个单体电池中电流最小的电池片的电流,总电压等于两个单体电池电压的和。

当串联的两个电池片产生的电流不相等时(例如将图 1-2-5 中电池片 2 的照射光遮掉一部分),那么电池片 2 的短路电流就是流经外电路的最大电流,电池片 1 多出来的那部分电流,在数学上等于 $I_{SC1}-I_{SC2}$,将流经电池片 1,并且产生一个加在电池片 1 上的正向偏压,这个电压又对电池片 2 产生一个反向偏压。由于总电路是短路的,因此总电压为零,如图 1-2-5 所示。

(2) 太阳电池片并联电路的分析 在两个单体电池并联的情况下,总的电流等于两个单体电池的电流和,总电压等于两个单体电池电压,如图 1-2-6、图 1-2-7 所示。

(3) 总结 电池片串并联对组件电性能的影响如下。

① 相同参数电池片串并联对组件电性能的影响:

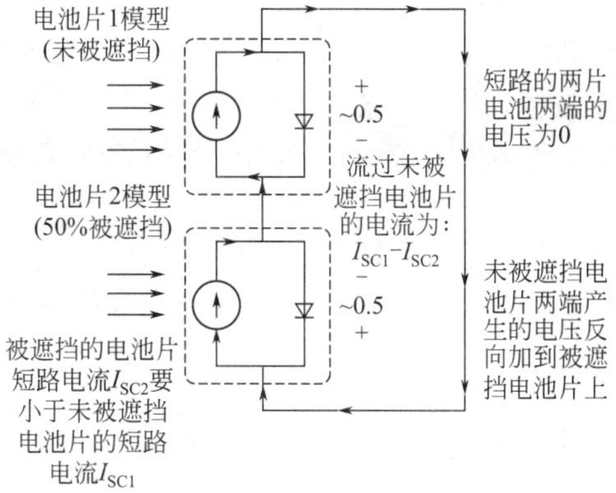

图 1-2-5　两个电池电流不相等时两片电池串联（短路情况）

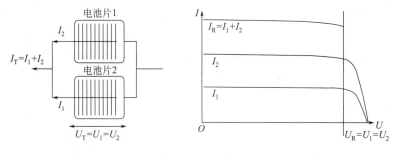

图 1-2-6　电压相等、电流不相等的太阳电池片并联

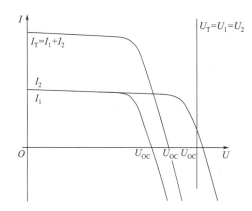

图 1-2-7　电压不相等、电流相等的太阳电池片并联

　　a. 串联时，$U_\text{o}=U_1+U_2+\cdots=nU_1$（$U_2$、$U_3$、$\cdots$）；

　　b. 并联时，$I_\text{o}=I_1+I_2+\cdots=nI_1$（$I_2$、$I_3$、$\cdots$）。

　　② 不相同参数电池片串并联对组件电性能的影响：

　　a. 串联时，$U_{开路电压}$等于各子电池开路电压之和；$I_{短路电流}$在最大和最小短路电流之间；$U_{最佳}$等于除去短路电流最小的电池片之外的其余（$n-1$）个电池片的电压之和；$I_{最佳}$必定小于最小的短路电流。

　　b. 并联时，$U_{开路电压}$介于各子电池最大和最小开路电压之间；$I_{最佳}$＝子电池的工作电流－性能最差的电池片的工作电流。

　　c. 串并联时，电压、电流都会小于理论值，故计算好的组件在实际生产完成后功率都会下降。要解决这个问题,唯一的办法就是筛选电池片,尽量将性能相同的电池片使用在同一个组件上,这样可以明显减少组件功率衰减。要根据标称工作电压确定单体太阳电池的串联数,根据标称输出功率来确定单体太阳电池的并联数。

为节约封装材料,要合理地排列太阳电池片,使其总面积尽量小。组件外形尺寸关系到组件使用的电池片整片的数量;峰值电压关系到组件总单位片数;功率则配合组件尺寸来决定单片电池的功率。

(4) 光伏组件的电路方程　如果组件中的电池具有相同的电性能,并且在相同的光照和温度下,那么组件的电路方程为:

$$I_T = MI_L - MI_0 \left\{ \exp\left[\frac{q(U_T - N)}{nkT}\right] - 1 \right\}$$

式中,M 为电池片串联的个数;n 为电池片并联的个数;I_T 为电池的总电流;I_L 为单个电池片的电流;U_T 为总电压;N 为单个电池片的理想因子;k、T 为物理常数。

光伏组件的 I-U 曲线如图 1-2-8 所示。

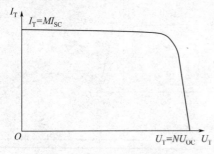

图 1-2-8　光伏组件 I-U 曲线

(5) 光伏组件的失配　太阳电池组件内电池片互连电路的状况对组件的实际性能和工作寿命有重大的影响。当太阳电池片通过串并联互连在一起时,单个电池片的工作特性,如电流的失配(或称失谐),使组件的输出功率小于各个电池片的最大输出功率之总和。这种由失配造成的功率损失在电池片串联时最为明显。

组件的失配效应是由组件中的电池片不具有相同的电性能或者在不相同的条件下工作造成的,它包括电流失配和电压失配两种。由于组件的输出功率是由组件中最小输出功率的电池片所决定,所以组件的失配是个严重的问题。例如,在组件中一个电池片的照射光被遮挡而其他的电池片仍然正常工作的时候,由工作的电池片所产生的功率就被消耗在不工作的电池片之上而不是外加负载上,这会造成功率的局部消耗和由于局部的过热导致对组件产生不可挽回的破坏。由遮光造成的组件失配也叫热斑效应,热斑是失配效应的具体表现。

有文献指出,对于单晶硅太阳电池,在制造过程中产生单体差异而引起的失配损失大约为 0.2%~1.5%。对于非晶硅,失配问题研究得还不够,但是非晶硅存在显著的衰减现象。一组组件串并联后,在实际使用过程中,个体差异会变得很大,产生的失配现象更为严重,甚至可以达到影响正常使用的程度。

光伏组件的功率损失如图 1-2-9 所示。一个失配输出电池片对串联电池组的影响如图 1-2-10 所示。

在短路情况下,输出特性较差的太阳电池片被反向偏置,并消耗大量功率。串联电池组的电流输出取决于最差的电池片。当一组串联的电池片中有一个电池片的电流明显低于其他电池片的电流时,就会发生热斑效应。例如当一串电池中的一个电池片照射光被遮挡后,产生在这个电池片上的电流明显小于其他电池片,这时总的电流被限制到最小。产生大电流的电池片上因此而产生的正偏压就会加在被遮挡的电池片上,被遮挡的电池片就会变成消耗负载而消耗其他电池片产生的功率,这种电消耗以热的形式释放出来会导致组件的破坏。

(6) 降低热斑效应的方法　通过增加每个组件或分路的串联模块及并联电池串的数目,可提高组件对电池失配、电池破裂以及部分阴影的容忍度,这个就是串并联法。用串并联法降低热斑效应示意图如图 1-2-11 所示。

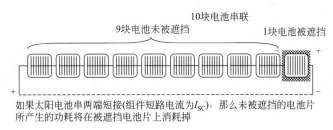

图 1-2-9　光伏组件的功率损失

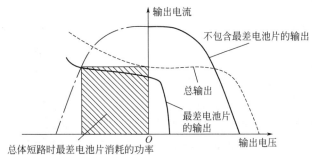

图 1-2-10　一个失配输出电池片对串联电池组的影响

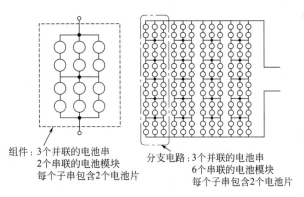

图 1-2-11　串并联法降低热斑效应示意图

通过并联一个旁路二极管的方式也可以避免热斑效应。并联的二极管和太阳电池具有相反的电极方向，在正常运行的情况下，每个太阳电池将处于正偏电压下，旁路二极管处于反偏电压下，因此旁路二极管处于开路的状态而不起作用。然而，当一串电池中一个电池由于电流失配导致反偏时,旁路二极管将处于正偏而导通,因此将使好电池产生的电流流经外电路而不是在好电池上产生正偏压,使得加在坏电池上的最大反偏压将会降低二极管的压降,因此可限制电流并且阻止热斑效应的产生。

在短路的情况下存在相互匹配的电流,因此加在太阳电池和旁路二极管上的电压为零,如图 1-2-12 所示。

在电流失配的情况下,好的电池上流过的电流相当于加了正向偏压,同时加了反向偏压给坏的电池,但这个时候因为有一个正偏的旁路二极管,从而使电流从旁路二极管流过,从而避免坏电池上的功耗,如图 1-2-13 所示。

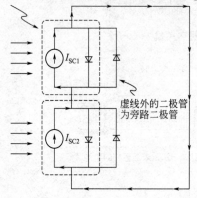
图 1-2-12 短路且电流匹配情况下的电流示意图

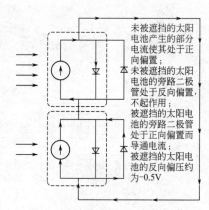
图 1-2-13 短路且电流失配情况下的电流示意图

在开路并且电池之间的电流相互匹配的情况下,短路电流正偏于每一个太阳电池,反偏于每个旁路二极管,这时候旁路二极管不起作用,如图 1-2-14 所示。

在开路并且电流失配的情况下,照射光部分被遮挡的太阳能电池的电压虽然有所减小,但是旁路二极管仍然是反偏的,所以也不起作用。如果照射光被全部遮挡,这时被遮挡的电池相当于没有了光生电流,所以旁路二极管仍然不起作用,如图 1-2-15 所示。

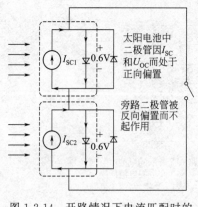
图 1-2-14 开路情况下电流匹配时的电流示意图

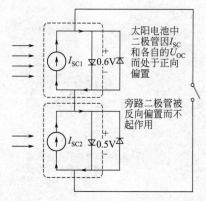
图 1-2-15 开路情况下电流失配时的电流示意图

如果没有旁路二极管,当有电池被遮光而造成电流失配时,坏电池将会承受较大的电压降(取决于串联电池的个数);如果有旁路二极管,则当反向偏压大于二极管的阈值电压时,旁路二极管导通，从而使加在坏电池上的电压降仅仅为二极管阈值电压大小，如图1-2-16所示。

在没有旁路二极管的情况下，当有一个电池被遮挡时，总电流等于坏电池的电流，总电压等于所有串联的电池的电压和，这时候坏电池消耗了大量由好电池产生的功率，如图1-2-17所示。短路电流I_{SC}处，未被遮挡的太阳电池所产生的功率在被遮挡电池中消耗，所产生的热可能会损坏组件。

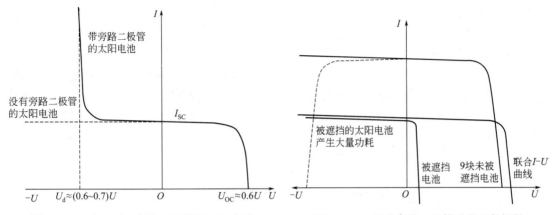

图1-2-16　有（无）旁路二极管的I-U曲线　　　　图1-2-17　没有旁路二极管时的组件损耗

在有旁路二极管的情况下，当电池被遮挡时，旁路二极管在反向电压等于阈值电压（这个电压和开路电压相当）的时候导通，从而使得总电流不至于降低到坏电池的电流大小，从而减少了坏电池上的功率损耗，如图1-2-18所示。短路电流I_{SC}处，被遮挡的太阳电池新的工作点的电压低得多，所产生的功率也低很多。在实际生产中，在每个电池上加上旁路二极管成本较高，因此实际中总是一串电池共用一个旁路二极管，如图1-2-19所示。

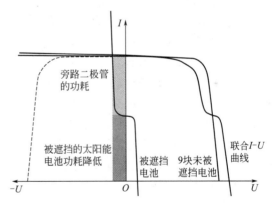

图1-2-18　有旁路二极管时的组件损耗

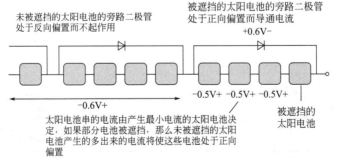

图1-2-19　一串电池共用一个旁路二极管

光伏组件中的旁路二极管通常采用普通整流二极管或肖特基二极管。普通整流二极管价格便宜，但在光伏组件发生热斑效应时，其正向导通压降（约1V）较大，因而会产生大量的热，如果散热措施没有做好，有可能会烧毁接线盒和光伏组件，甚至引发火灾。与普通整流二极管相比，肖特基二极管的正向导通压降（约0.3V）较小，但其耐压低、反向漏电流较大。为了解决旁路二极管可能造成的问题，MOS管旁路光伏组件被提出来。MOS管的导通电阻通常仅为几MΩ，因此MOS管的导通压降较小，而且自带散热片，是理想的光伏组件旁路元件。

（二）使用环境

针对光伏组件使用的环境不同，部分场景的光伏组件需要特殊化设计，例如：如果组件用于沿海或海岛地区，那么组件需要具有耐盐雾、防腐蚀的性能。此时，组件需要满足IEC 61701的标准要求；针对农业地区，组件需要具有抗氨气腐蚀的能力，组件需要满足IEC 62716的标准；针对西藏、甘肃等紫外线强度较大的地区，光伏组件的耐紫外辐射性能需满足GB/T 19394—2003的标准；针对太阳能智能门窗、太阳能凉亭、光伏农业大棚、光电玻璃建筑顶棚及光电玻璃幕墙等应用，光伏组件的透光性、机械强度还需要满足建筑材料的相关标准。

不同的使用环境对光伏组件提出了不同的设计要求，这里以海洋使用环境为例来说明光伏组件的设计要点。

目前，光伏组件广泛运用于海岛和航海船舶发电。海岛远离大陆架，只能靠风力和太阳能发电；船舶长期在海洋中航行，然而海洋的环境比较恶劣，对太阳能光伏组件的要求比较高。首先，海水的盐度大，其主要成分是氯化物和硫酸盐，海水所含盐量通常在35%以上；其次，海面上空气湿度较大，所以对光伏组件的耐盐腐蚀能力要求特别高。此外，海上潮湿的环境容易使水分进入组件内部而造成损坏。这要求光伏组件在生产过程中，要选择抗盐腐蚀的铝型材外框和外壳接线盒等材料，甚至在设计过程中要减少含金属成分的铝合金边框的使用，然后是做好光伏组件的密封，如考虑使用硅橡胶密封框进行密封等，最后是严格进行盐雾试验，检验光伏组件的耐盐雾腐蚀性能是否符合设计要求。在通常情况下，在试验室对光伏组件进行盐雾试验时，盐溶液的pH为6.5~7.2（35±2℃）。对其关键组件进行试验时，在96h的盐雾试验的过程中，正常情况下使用寿命为10年，但通常情况下，光伏组件的使用寿命为25年，所以必须突破太阳能光伏组件在特殊环境中的抗盐腐蚀性。这已成为必须要攻克的技术难题。

2013年，中国质量认证中心（CQC）针对我国三种具有代表性的气候条件，设计出了差异化的检测方法，并整理了相关测试要求，形成了三个技术规范，如表1-2-1所示。采用这三个技术规范对光伏组件的性能进行评估，可避免实验室环境条件与实际光伏电站安装地点的气候条件不符引起的组件电性能降低、机械应力失效、组件电气安全故障等问题。

表1-2-1 典型气候相关的技术标准

序号	标准	气候条件
1	CQC 3303—2013《地面用晶体硅光伏组件环境适应性测试要求 第1部分：干热气候条件》	干热气候
2	CQC 3304—2013《地面用晶体硅光伏组件环境适应性测试要求 第2部分：湿热气候条件》	湿热气候
3	CQC 3305—2013《地面用晶体硅光伏组件环境适应性测试要求 第3部分：高寒气候条件》	高寒气候

（三）性价比

光伏组件的设计需要兼顾组件的性能和成本，使得组件的性价比较高。常规组件的性价比（成本/功率）单位为：元/W。

(1) 电池片数量一定、组件尺寸一定时，随着电池片功率的增加，组件的性价比增加。

(2) 电池片型号一定、电池片数量不定时，随着组件尺寸的增加，性价比增加。

(3) 对于单晶组件和多晶组件，尺寸、功率相同时，多晶组件的性价比高于单晶组件的性价比。

二、光伏组件设计方法和实例

根据电池片的技术工艺的差别，单个太阳电池片的功率从 2.5W 到 5W 不等，电压在 0.5V 左右。以串并联连接为基础，根据光伏组件所需的电压和功率，可以计算出所需电池片的面积及电池片的片数。

（一）光伏组件的设计方法

以设计 10W 的光伏组件（功率偏差要求：+0.5W；开路电压要求：9V）。假设手头有尺寸为 125mm×125mm 的两主栅的单晶硅电池片（标准测试条件下测得最大功率 P_{max} 为 2.4W；开路电压 U_{oc} 为 0.5V）。给出设计思路，并设计确定光伏组件版型和组件尺寸（要求电池片与电池片的间距大于 1mm；电池串与电池串的间距大于 5mm；电池片离玻璃边缘的距离大于 30mm；汇流条引线间距 50mm，并距离玻璃边缘 50mm）。

设计流程具体如下：

(1) 确定太阳电池片的数量　因为光伏组件功率的大小和太阳能电池面积（即数量）成正比，因此 10W 的光伏组件需要的电池片数量为

$$N = P_{set}/P_{max} = (10 \sim 10.5)\text{W}/2.4\text{W} \approx 4.2 \sim 4.4$$

考虑到光伏组件封装过程中的功率损失，这里取 $N=4.5$。

(2) 确定太阳电池片的划片数量　光伏组件的开路电压和串联的太阳能电池数量成正比，因此要满足 9V 的开路电压要求，需要串联的电池片数量为

$$M = U_{oc,set}/U_{oc} = 9\text{V}/0.5\text{V} = 18$$

因为 $M=4N$，因此需要将单片尺寸为 125mm×125mm 两主栅的单晶硅电池片进行四等分划片，并将 18 片电池片进行串联焊接。

(3) 版型设计

$$M = 18 = 6 \times 3 = 9 \times 2$$

考虑到光伏组件的美观，这里取 $M=6\times 3$，其版型图如图 1-2-20 所示。

（二）光伏组件图纸示例

光伏组件的生产过程包括客户下订单，企业根据客户对光伏组件的技术要求来设计图纸，生产部门根据图纸进行制造。图 1-2-20 给出了某公司的设计图纸，观察一下图纸所包含的内容。

图 1-2-21(a) 的设计图纸中给出了玻璃的尺寸、铝合金边框的尺寸、电池片（整片和

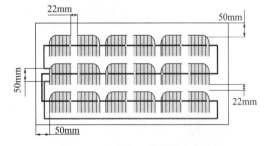

图 1-2-20　光伏组件设计版型图

划片后）的尺寸、开路电压的技术要求、光伏组件的版图（包括电池片的行间距、列间距、电池片与铝合金边框的距离等）。图 1-2-21(b) 的设计图纸中增加了 EVA 胶膜、汇流条、涂锡焊带、背板的尺寸，并给出了详细的技术要求，以及激光划片的要求等。图 1-2-21(c) 的设计图纸中除了光伏组件的版图外，还增加了接线盒的安装技术要求。

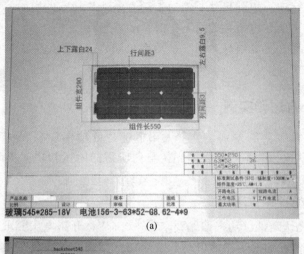

(a)

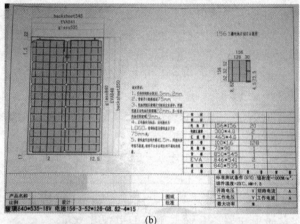

(b)

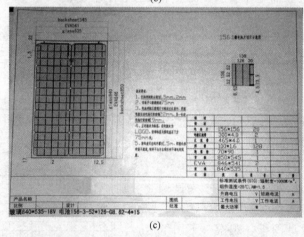

(c)

图 1-2-21 某公司的光伏组件设计图纸

三、光伏组件的结构设计要求

光伏组件在光伏发电系统中只是一个提供电力能源的部件，因此在结构设计方面仅考虑了面板玻璃和铝合金边框的机械强度，即其自身的结构强度。对于光伏组件与建筑的结合，在结构设计方面，除了光伏组件自身的结构外，还应包括光伏组件与建筑之间的结构。

根据光伏组件与建筑结合形式的不同，光伏建筑可分为两大类：一类是 BAPV（Building Attached Photovoltaic），即将光伏方阵依附于建筑物上，建筑物作为光伏方阵的载体，起支撑作用；另一类是 BIPV（Building Integrated Photovoltaic），即光伏组件以一种建筑材料的形式出现，光伏组件成为建筑不可分割的一部分，如光伏屋顶、光伏幕墙和光伏采光屋顶等。光伏方阵与建筑的结合是一种常用的 BIPV 形式，特别是与建筑屋面的结合。光伏方阵与建筑的集成是 BIPV 的一种高级形式，它对光伏组件的要求较高。光伏组件不仅要满足光伏发电的功能要求，同时还要兼顾建筑的基本功能要求。光伏组件与建筑结合的常见的安装方式如表 1-2-2 所示。

表 1-2-2　光伏组件与建筑结合的常见的安装方式

序号	建筑部位	安装方式
1	屋顶	屋顶平铺设置型
		屋顶倾斜角度设置型
		屋顶建材型
2	墙壁	墙壁设置型
		墙壁建材型
3	窗	窗建材型
		采光窗建材型
4	其他	遮阳罩型
		百叶窗型

与 BAPV 相比，BIPV 对光伏组件的结构要求更高。光伏组件结构安全除了涉及光伏组件自身的结构安全（如高层建筑屋顶的风荷载较地面大很多，普通的光伏组件的强度能否承受，受风变形时是否会影响到电池片的正常工作等）外，还涉及固定组件的连接方式的安全性。

光伏组件的安装固定不是安装空调式的简单固定，而是需对连接件固定点进行相应的结构计算，并充分考虑在使用期内的多种不利情况。建筑的使用寿命一般在 50 年以上，光伏组件的使用寿命也在 20 年以上，因此，BIPV 的结构安全性问题不可小视。构造设计是关系到光伏组件工作状况与使用寿命的因素，普通组件的边框构造与固定方式相对单一。在与建筑结合时，其工作环境与条件会有变化，其构造也需要与建筑相结合，如隐框幕墙、采光顶的排水等普通组件边框已不适用。对于 BIPV，光伏组件是一种建筑材料，作为建筑幕墙或采光屋顶使用，因此需满足建筑的安全性与可靠性需要。光伏组件的玻璃需要增厚，具有一定的抗风压能力。同时光伏组件也需要有一定的韧性，在风荷载作用时能有一定的变形，这种变形不会影响到光伏组件的正常工作。

当光伏组件作为一种建筑维护材料使用时，必须首先对其强度和刚度做详细的分析检查。整个系统的结构安全校核应包括但不限于以下几个方面：(1) 光伏组件（面板材料）的强度及刚度校核；(2) 支撑构件（龙骨）的强度及刚度校核；(3) 光伏组件与支撑构件的连接计算；(4) 支撑构件与主体结构的连接计算。

任务三　环氧树脂胶光伏组件的制作

本任务以环氧树脂胶光伏组件的设计图纸为基础，开始制作光伏组件。环氧树脂胶光伏

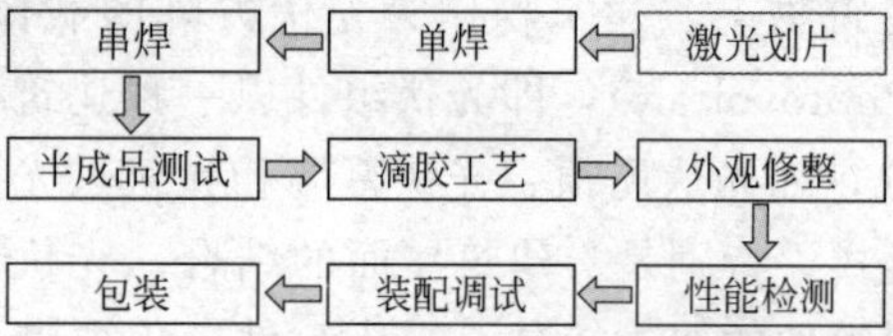

组件的制作工艺步骤如图 1-3-1 所示。

具体的工艺步骤如下：

（1）根据设计图纸，选取单晶硅或多晶硅电池片，使用激光划片机划片。划片时，需要注意所选取的电池片的栅线方向和栅线的尺寸位置。设计激光划片路径图，并与设计图纸对照，确认正确无误后，方可开始激光划片。这样可以避免由于初次设计不熟练导致的电池片原材料浪费。

图 1-3-1　环氧树脂胶光伏组件的制作工艺流程

（2）开启焊接台，准备好恒温电烙铁，确认电烙铁的温度，准备好涂锡焊带，并开始电池片的单面焊接。

（3）电池片前表面栅线焊接完成后，开始背面串焊。串焊前，按照设计的图纸，布排好电池片的位置，然后按照正负极串联的方式将电池片串焊。

（4）用万用表在光源照下，连接电池串的正负极，测试电流和电压数值。若存在电池片有隐裂或焊接过程中未焊接好等工艺原因，会造成电池串没有电流、电压，或者数值几乎没有的情况。因此，需要检查是否存在电池片有隐裂、碎片，或者焊接有虚焊、焊接质量不好导致串联电阻过大等问题，如有则返工优化工艺。

（5）将焊接好的电池串，按照设计图纸要求，采用汇流带焊接，电池串的正负极穿过背板，汇集在背板的背面，便于后续使用。这部分需要注意电池串之间的间距、汇流带与背板边缘的尺寸间距等细节尺寸，布排整齐、美观。电池串和背板之间可以用少量的透明胶带固定，避免在后续滴胶工艺时因挪动而动了位置，影响组件的质量。

（6）将电池串和背板布排固定好，配置环氧树脂胶，并开始滴胶工艺。

（7）固化好了之后，用小刀修整组件周边的毛刺等。

（8）使用万用表在光源下检测光伏组件的电流和电压等电学参数。

（9）将光伏组件与太阳能小车配件装配调试，检查在太阳光下太阳能小车能否工作，若能正常工作，则说明光伏组件的质量和功率大小等满足设计要求。

（10）包装成品。

【任务单】

1. 学习必备知识中的激光划片工艺、焊接工艺和滴胶工艺。
2. 按照下表清单指引，依次完成学生工作手册中的表格要求内容。
3. 准备工具和材料，动手制作光伏小组件，并最终完成环氧树脂胶光伏组件的制作。

需要按照顺序依次完成的学生工作手册表格清单如下：

序号	工作手册表格名称	是否完成
1	1-3-1 环氧树脂胶光伏组件的制作信息单	是□ 否□
2	1-3-2 环氧树脂胶光伏组件的制作计划单	是□ 否□
3	1-3-3 环氧树脂胶光伏组件的制作记录单	是□ 否□
4	1-3-4 环氧树脂胶光伏组件的制作报告单	是□ 否□
5	1-3-5 环氧树脂胶光伏组件的制作评价单	是□ 否□

能量小贴士

"人心惟危,道心惟微,惟精惟一,允执厥中。"——《尚书·大禹谟》。意为只要沉得下心,坐得住"冷板凳",就能真正做出匠心独运、经得起时间检验的作品。环氧树脂胶光伏组件的制作以手工完成为主,如果我们不能专心致志、沉着耐心,是无法得到质量合格的产品的。

【必备知识】

一、激光划片工艺

激光划片是用激光划片机将完整的电池片按照生产所需切割成 4 等份、6 等份、8 等份等不同尺寸的小电池片,以满足制作小功率组件和特殊形状光伏组件的需要。

单片太阳电池的工作电压通常为 0.4~0.5V(开路电压为 0.6V)。将一片切成两片后,每片电压不变。在相同的转换效率下,太阳电池的输出功率与电池片的面积成正比。由于单片太阳电池(未切割前)尺寸一定,因此其面积通常不能满足光伏组件的需要。因此,在焊接前,一般会增加激光划片这道工序。激光划片前,应设计好划片的路线,画好草图,要尽量充分利用划片剩余的太阳电池片,提高电池片的利用率。

(一)激光划片机的工作原理

激光划片机通过聚焦镜把激光束聚焦在电池片表面,形成高功率密度的光斑(约 $1\times10^6 W/m^2$),使硅片表面的材料瞬间气化并在运动过程中形成一定深度的沟槽。由于沟槽处应力集中,所以电池片很容易沿沟槽处被整齐断开。

激光在高效太阳能电池制备中有很多应用,如激光刻槽、激光表面织构、激光选择性掺杂和激光烧结背面点接触等。

(二)激光划片机的构成及技术参数

激光划片机主要用于单晶硅、多晶硅、非晶硅等太阳电池片的划片与切割,主要采用 Nd:YAG 激光晶体,单氪灯连续泵浦作为工作光源,也可以采用 1064nm 半导体泵浦激光器作为工作光源。两者相比,后者具有光电转换效率高、光束质量好、运行成本低、性能稳定等特点。

通常激光划片机的构成包括工作光源、计算机数控二维平台、光学扫描聚焦系统、计算机控制软件系统、真空吸附系统和冷却系统等。

此处以武汉三工(SFS10 型)激光划片机为例做介绍,如图 1-3-2 所示。武汉三工(SFS10 型)激光划片机采用光纤激光器作为工作光源,由计算机控制的二维精密工作台能按预先设定的各种图形轨迹进行相应的精确运动。工作光源为 IPG Photonics 德国公司的 20W 脉冲掺镱(YLP-10)光纤激光器。使用 Q 调制的主振荡和一个增益值为 50~60dB 的高功率光纤放大器,脉冲重复频率为 20~80kHz,连续可调,激光脉冲峰值可达到 20kW。二维

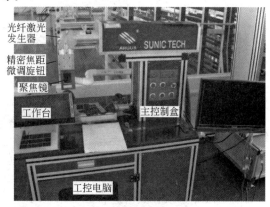

图 1-3-2 武汉三工(SFS10 型)激光划片机

精密工作台是采用高精度伺服电机驱动的双层结构。其可由计算机系统控制进行各种精确运动，系统分辨率可达 0.003125（5/1600）mm。

武汉三工（SFS10 型）激光划片机的技术参数如表 1-3-1 所示。

表 1-3-1　武汉三工（SFS10 型）激光划片机的技术参数

参数	范围
激光波长	1060 nm
激光模式	M2<2（接近 TEM00）
脉冲重复频率	20～80kHz
平均功率不稳定度	<5%
激光最大平均功率	≥20W
工作台移动速度	≥100mm/s
工作台行程	不少于 300mm×300mm
工作台面尺寸	350mm×350mm
冷却方式	风冷
电源	220V,50Hz,1000W

激光划片机的
操作流程

（三）激光划片机的操作流程

以武汉三工（SFS10 型）激光划片机为例，介绍激光划片机的操作流程要点。

（1）检查设备，开启总电源。开机前要确认三相交流输入电源及零线、接地线正确完好，并确认风冷系统工作正常且系统畅通。

（2）确认紧急停止按钮（图 1-3-3）处于释放状态。

（3）开机通电，确认打开空气开关（图 1-3-4）。

图 1-3-3　紧急停止按钮　　　　图 1-3-4　空气开关

（4）打开钥匙开关，见图 1-3-5。

（5）按下 RUN 键，见图 1-3-5。

（6）按下 TABLE 键，见图 1-3-5。

（7）按下 LASER 键，见图 1-3-5。

（8）打开电脑开关（图 1-3-6）和划片软件，进入参数设置（参见激光划片机软件介绍）。

（9）放置待划片的太阳电池，踩下脚踏风门（图 1-3-7）。

（10）点击红光测试（由软件控制），观察红光点运动情况是否符合参数设置要求。如果符合，点击激光选项并点击运行；如果不符合，则重新设置参数，并观察红光点运动情况是否符合参数设置要求，符合要求后再点击激光选项并运行。激光设置界面如图 1-3-8 所示。

图 1-3-5　操作面板

1—打开钥匙开关；2—按下 RUN 键；
3—按下 TABLE；4—按下 LASER 键

图 1-3-6　电脑开关

图 1-3-7　脚踏风门

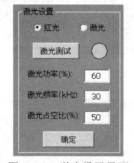

图 1-3-8　激光设置界面

（在激光划片机操作软件中设置）

（11）关机步骤：

① 退出软件，关闭计算机；

② 按下 LASER 键，激光器断电；

③ 按下 TABLE 键，工作台断电；

④ 以与开机顺序相反的顺序关闭其他电源。

注意：由于激光器的通电顺序有时序要求，请严格按照正常开机顺序进行开关机。

（四）激光划片机的软件介绍

激光划片机二维平台的操作需要设备配备的软件操作。此处以武汉三工（SFS10 型）激光划片机为例介绍激光划片机的软件及使用方法。

1. 软件打开方法

打开电脑，运行桌面上的"三工激光划片软件"图标，进入软件主界面（图 1-3-9）。

进入主画面后系统提示是否需要进行机械回零，选择"确定"开始进行机械回零，否则取消。

注意：机器每次通电重启必须进行机械回零。

2. 激光划片机的软件操作界面

三工激光划片机软件的操作主界面包括参数设置区、程序编辑区、数据编辑区和图形显示区四个部分。

（1）参数设置区　激光划片机软件中涉及的参数设置主要包括"文件"、"系统"、"运动"、"查询"和"激光"5 个菜单。

①"文件"菜单　"文件"菜单里主要包括"新建程序"、"打开程序"、"保存"、"另存为"和"退出"5 个内容，如图 1-3-10 所示。

a."新建程序"：点击"新建程序"，将出现全新空白的系统界面。如果当前界面上已有

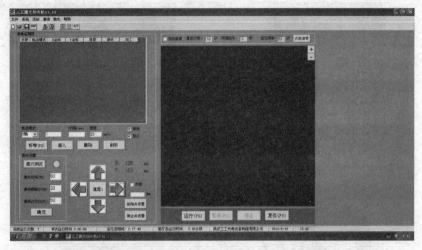

图 1-3-9　三工激光划片机软件的操作主界面

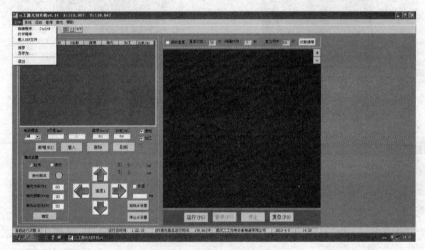

图 1-3-10　三工激光划片机软件的操作主界面的"文件"菜单

文件或图形存在，则在点击"新建程序"时，系统会提示是否保存现有文件。

b."打开程序"：用于打开已有的加工文件。所有加工文件可以直接执行输出。

c."保存"：点击"保存"，现有文件的当前状况将被保存于指定文件夹内。

d."另存为"：可将现有文件另取一文件名保存于指定文件夹内。

e."退出"：可退出激光加工软件。

②"系统"菜单　参数设置区中的"系统"菜单中主要包括"参数设置"和"时间设置"两部分，如图 1-3-11 所示。其中，"参数设置"界面如图 1-3-12 所示，"时间设置"界面如图 1-3-13 所示。

在"参数设置"界面（图 1-3-12）中可以对驱动轴参数、运动参数、激光器类型和单次划片完成后工作台的运动模式进行设置。其中驱动轴参数中的"驱动轴"和"驱动轴参数"是配合设置的。X/Y 轴参数在出厂时均已设置好，最好不要擅自更改，以免造成机器运动不正常。

运动参数的设置主要是对工作台的运动速度进行设置，其中：

a."起始速度"：工作台由静止到运动时的初速度。

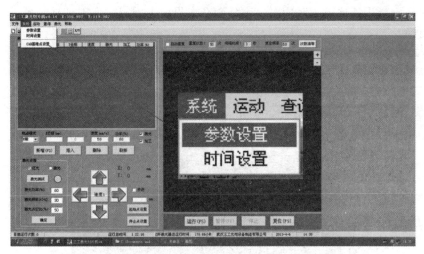

图 1-3-11　三工激光划片机软件的操作主界面的"系统"菜单

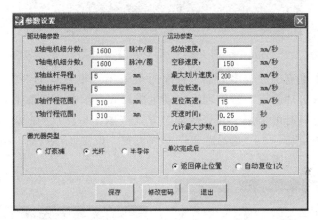

图 1-3-12　三工激光划片机软件操作的"参数设置"界面

b."空移速度"：工作台由原点/指定停止位置运动到加工位置和加工完成后回到原点/指定停止位置时的速度。

c."复位速度"：将工作台强制返回原点时的速度。

d."变速时间"：工作台由起始速度到工作速度所需的时间。此值不宜设置太小，以免加速太快，电机失步，造成运动失控。

图 1-3-13　"时间设置"界面

e."允许最大步数"：软件可编制的最大运行步数。

单次完成后，工作台的运行模式有：

a."自动复位 1 次"：每次操作完成后，工作平台自动回到原点位置。

b."返回停止位置"：每次操作完成后，工作平台回到指定停止位置。

激光器的类型设置应根据激光划片机设备中激光器的配置（如光纤激光器或半导体激光器等）进行选择。

"时间设置"界面可设置设备工作时易损件使用提示时间（图 1-3-13）。软件会自动记录设备工作时间,当达到预设定时间时,软件会在主界面上弹出一个对话框,提示已达到使用时间需要更换。

③ "运动"菜单　参数设置区中的"运动"菜单分为"重复运动"、"等分运动"和"X/Y坐标互换"三部分,如图1-3-14所示。

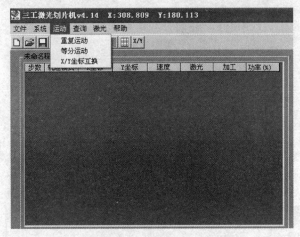

图1-3-14　"运动"菜单

当需要编制一个重复次数较多的加工程序时可采用"重复运动"方式(图1-3-15)。每四步为一次重复,点击"确定"按键程序自动生成,并显示在主界面上。

当要均匀切割材料时可采用"等分运动"方式(图1-3-16)。在加工时,为了不损伤加工材料边沿,可单独增加一个"边沿距离"参数设置。设置此参数后,自动生成的程序会在加工边沿时每边增加相应距离。

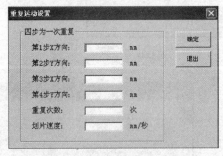
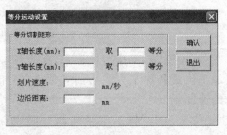

图1-3-15　"重复运动设置"界面　　　　图1-3-16　"等分运动设置"界面

(2) 程序编辑区和数据编辑区　对于激光划片中的一些复杂操作,如太阳电池片三等分和圆形切割等,可以在程序编辑区(图1-3-17)中通过设置"轨迹模式"、"行程"以及"新增"、"插入"和"删除"来实现,也可以在程序编辑区内对"轨迹模式"、"X坐标"和"Y坐标"的修改来实现。

此外,为了提高激光划片的准确度,需要对工作台的起始点位置进行设置,以确定工作台和太阳能电池片之间的对应位置,如图1-3-18所示。

(3) 图形显示区　在程序编辑区和数据编辑区中设置好的工作台运动轨迹,可以在图形显示区(图1-3-19)中看到。这里需要注意的是,图形显示区中的X轴和Y轴要与工作台自行定义的X轴和Y轴对应起来。如果发现不对应,可以点击软件操作主界面"运动"菜单中的"X/Y坐标互换"。

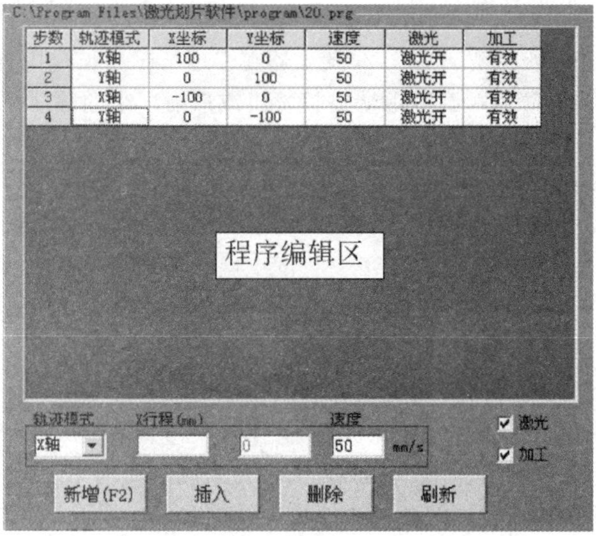

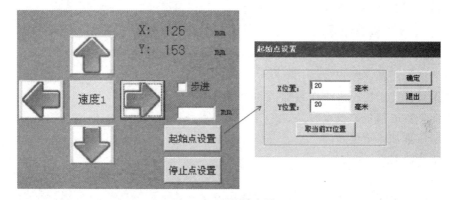

图 1-3-17　程序编辑区

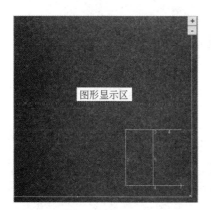

图 1-3-18　起始点设置

（五）激光划片机使用注意事项

（1）一定要保证在风冷循环系统正常工作的状态下启动激光电源。

（2）调节激光器参数时须缓慢调节，尤其是增大激光功率时，调节速度要小，否则极易损坏激光电源中的激光晶体或半导体泵浦源。

（3）激光功率不能调节太大以免把电池片切穿。

（4）划片作业时必须戴手套。

（5）不允许连续开关 LASER 和 TABLE 开关，否则有可能损坏伺服驱动器，并且交流接触器等感性元件也将产生电流干扰，影响设备的正常使用。

图 1-3-19　图形显示区

（6）出现异常情况时，应关闭总电源后再进行检查。

（7）设备的工作环境应清洁无尘，否则会污染光学器件，影响激光的功率输出，严重时甚至会损坏光学器件。

(8) 要求环境温度为 5～30℃，相对湿度不大于 80%。

(9) 本激光器属于Ⅳ级激光产品。本激光器在 1060nm 波长范围内发出超过 20W 的激光辐射，应避免眼睛和皮肤接触到输出端直接发出或散射出来的辐射。

(10) 开机前确保使用正确的供电电源。

(11) 本机工作时机箱尾部有风扇用于散热，必须确保有足够的空间和气流。本机工作时，所有电路元器件（如激光器电源和伺服驱动器）和光学元器件（如光纤激光器）均需散热良好，故应保证工作环境通风良好。不要将本机用于加工高反射率的铜等金属物，否则可能会损坏激光器。

(12) 电源突然中断对激光器的影响很大，请确保提供连续电源。不允许设备在电源电压不稳定的情况下工作，必要时需用稳压器对其稳压。

(13) 工作时，请按正常开机顺序开机。

(14) 不要使脉冲重复频率低于 20kHz，高能量密度的光输出会损坏激光器。

(15) 机器需可靠接地，不遵守此项规定可能会导致触电或设备工作不正常。

(16) 至少要在电源切断 10min 后，才可对机器进行搬运和检查等操作。

(17) 不可随意乱调设备上的可调节部位。

(18) 光源老化时应及时更换。

(六) 激光划片机的保养

(1) 日常护理

① 每天清扫设备上的灰尘。

② 根据具体使用情况为工作台加机油或润滑油。

③ 工作平台上禁止放较重物品。

④ 定期清理抽风管道。

⑤ 禁止非法关机。

(2) 维护须知

① 尽可能要求在下班前几分钟对机器整体做清洁。

② 工作台的轴需要间隔一段时间加专用油。

(3) 新设备保养和维护

① 工作台的 X 轴和 Y 轴的丝杠每 1 个月加注 1 次润滑油。

② 应 15 天擦 1 次聚焦镜。

(4) 整机保养

① 保持整机清洁。

② 工作台每 3 个月上油 1 次。

③ 检查聚焦镜片是否有灰。

④ 腔体一年清洗 1～2 次，具体根据实际情况来考虑。

⑤ 氪灯每半年更换一次，以免氪灯老化造成其他配件损失。

(七) 激光划片机的常见故障及解决办法

(1) 开机无任何反应

① 电源是否正常：检查电源输入并使其正常。

② 紧急制动开关是否按下：若紧急制动开关被按下，松开紧急制动开关。

③ 控制柜空气开关是否合上：若空气开关未合上，合上空气开关。

（2）无激光输出或激光输出很弱（刻划深度不够）

① 转接板是否通电：若出现激光器主振荡器故障对话框，请先按下 TABLE 按钮，再点击"确定"键。

② 激光光路是否偏移：若激光光路偏移，重调激光光路。

③ 工作平面是否处于激光焦平面：若工作台平面不处于激光焦平面，调整千分尺。

④ 工作台是否水平：若工作台不是水平的，调整工作台水平。

二、焊接工艺

电池片的焊接是将涂锡焊带焊接到电池正面（负极）的主栅线上。不正确的焊接工艺将会引起组件功率低下和逆向电流增加。

（一）涂锡焊带和助焊剂

涂锡焊带的作用是实现太阳电池之间的电学连接。助焊剂的作用是辅助焊接工作的完成，保证焊接质量。

1. 涂锡焊带

（1）涂锡焊带的特性　光伏组件中用于电池片电性能连接的互连条与汇流条均采用涂锡焊带（图 1-3-20），也称涂锡铜带。涂锡焊带以纯铜为基体材料，在其表面涂上锡层，一方面可防止铜基材料氧化变色，另一方面也方便于将材料焊接到太阳电池的栅线上。铜的纯度越高，电阻率越低，承载能力越大，塑性越好，扎制中不会产生微裂纹。而涂层锡料跟铜一样，纯度越高，电阻率越低，导电性越好。

涂锡焊带分含铅和无铅两种，如表 1-3-2 所示。其中无铅涂锡焊带因其良好的焊接性能和无毒性，成为涂锡焊带发展的方向。无铅涂锡焊带是由导电性优良、加工延展性优良的专用铜及锡合金涂层复合而成的。涂锡焊带的厚度越小，涂层越薄；反之，厚度越大，涂层越厚。

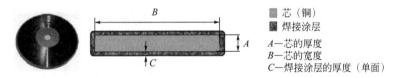

图 1-3-20　涂锡焊带的结构示意图

表 1-3-2　涂锡焊带的分类与构成

涂锡焊带	有铅	无铅
互连条	SnPb40/Cu/SnPb40	SnAg3.5/Cu/SnAg3.5
汇流条	SnPb40/Cu/SnPb40	Sn/Cu/Sn，SnCu/Cu/SnCu

对涂锡焊带的要求包括以下几个方面：① 具有较低的电阻率；② 具有较低的熔点；③ 具有优良的延伸率；④ 具有优异的耐候特性；⑤ 具有良好的可焊性；⑥ 具有良好的抗腐蚀性。

光伏组件的涂锡焊带除了满足以上要求外，还需要在 -40~100℃ 的环境温度下（与太阳电池使用环境同步）长期工作且不会脱落。

（2）涂锡焊带的规格参数与选用　对涂锡焊带的选择，既要考虑太阳电池自身特性的要求，还要考虑光伏组件的电学性能的要求，如图1-3-21所示。

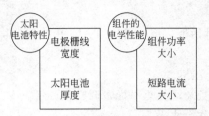

图1-3-21 涂锡焊带的选用依据

根据电池片的厚度和短路电流的大小来确定涂锡焊带的厚度。涂锡焊带的宽度要求和电池的主栅线宽度一致，不同尺寸的电池片有不同规格的涂锡焊带与之配套。另外还要考虑电池片主栅线的宽度，保证涂锡焊带的宽度不能超过主栅线的宽度。

涂锡焊带的软硬程度一般取决于电池片的厚度和焊接工具。手工焊接要求焊带的状态比较软，软态的焊带在烙铁走过之后会很好地和电池片接触在一起，形成良好的银锡合金，其可焊接性满足要求；同时在焊接过程中产生的应力很小，可以降低碎片率，但是太软的焊带的抗伸强度与延伸率会降低，很容易被拉断。

针对光伏组件的电学性能要求，希望其电损耗最低，即希望涂锡焊带的电阻较低。涂锡焊带的电阻为

$$R = \rho l / S$$

式中，ρ为电阻率；S为截面积；l为样品长度。

由于电阻率ρ是金属的固有属性，它不随金属的横截面大小的变化而变化，所以针对组件的输出电性能，可以适当增加截面积，以降低组件的内电阻，提高输出功率。

涂锡焊带基材的截面积S越大，其电阻越小，组件的串联电阻也越小。提高涂锡焊带基材的截面积有两种方法，在相同材质下，一种是增加基材厚度，另一种是增加基材宽度。但不管采取哪种方法，增加截面积势必会影响涂锡焊带的柔软度，也就会影响焊接的破损率。

通过增加涂锡焊带的横截面积，组件功率随之增加，然而焊接时的破片率也略有增加，但所有组件输出的平均功率的增加都大于1%。由于涂锡焊带厚度的增加，焊接时存在涂锡焊带与电池电极材料应力的不匹配，焊接后电池片的弯曲度也随之变化，所以在保证焊接破片率的前提下，选择最优的涂锡焊带及其尺寸规格对于提高组件输出功率有很大的帮助，同时IEC 61215的试验要求对使用新规格涂锡焊带生产组件进行相关环境试验的测试，包括热循环以及湿热试验等，以验证涂锡焊带的可靠性是否满足要求。

涂锡焊带实际选用的经验如下所述。根据互连条的承载电流，选择互连条中铜的横截面积为$0.3 \sim 0.4 mm^2$，可承载3.75A电流（供参考）。在选择涂锡焊带规格时，0.2×1.6互连条串联72片125mm×125mm的电池片，输出功率为170~180W。汇流带为0.2×5、0.25×5、0.25×4.5、0.35×3.5等规格。其中0.2×5用量最多，而0.2×2互连条串联54片156mm×156mm的电池片，其输出功率为250W，汇流条用0.25×7。这里建议在电池板功率相同的情况下，应该优先选择厚而窄的互连条。如：用0.2×1.5和0.16×2的互连条组装的两种电池板，前者与后者比较，每块组件的功率净增1.5~2.5W。

（3）涂锡焊带的性能检测 涂锡焊带性能检测项目（表1-3-3）主要包括包装、外观、尺寸、可焊性、折断性、蛇形弯曲度、电阻率、抗拉强度和伸长率等。

表1-3-3 涂锡焊带性能检测项目

检测项目	检测内容	检测方法(工具)
包装	包装是否完好；确认厂家、规格型号以及保质期，涂锡焊带的保质期为6个月	目测

续表

检测项目	检测内容	检测方法(工具)
外观	涂锡焊带表面是否存在氧化黑点、锡层不均匀、扭曲、边部毛刺等不良现象	目测
尺寸	对比供货方提供的几何尺寸,宽度误差为±0.12mm,厚度误差为±0.02mm	游标卡尺、螺旋测微仪
可焊性	用320～350℃的温度正常焊接,焊接后太阳电池主栅线上留有均匀的焊锡层为合格	电烙铁、助焊剂
折断性	取同批次规格长度相同的涂锡焊带10根,向一个方向弯折180°,折断次数不得低于7次	
蛇形弯曲度	将涂锡焊带拉出1m的长度,侧边紧贴直尺,测量侧边与直尺的最大间距,应小于1.5mm	直尺
电阻率	截取1m长的待测涂锡焊带样品,用直流电阻测试仪测量其电阻值	直流电阻测试仪
抗拉强度和伸长率	裁剪一定长度的待测涂锡焊带样品,用万能试验机测量其抗拉强度和伸长率	万能试验机

① 可焊性

测试方法

a. 先用温度测试仪校准烙铁头到设定的焊接温度,再取一定数量的电池片,使用样品焊带焊接。

b. 一般焊接条件:无氯免清洗助焊剂,焊接温度为320～350℃,焊接时间为2～3s,仅作参考。

测试要求

a. 虚焊情况:以45°斜角做提拉动作,保证不脱落。

b. 碎片情况:将碎片率控制在企业标准范围内。

c. 操作难易程度(焊锡熔化速度):保证焊接速度为3s/条。

d. 满足使用要求。

② 电阻率(ρ)

测试方法

a. 提前半小时开启直流电阻测试仪进行预热。

b. 截取1m长的待测涂锡焊带样品。

c. 将上述样品放置在一个干净的绝缘平板上。

d. 将直流电阻测试仪调至测试电阻率的挡位。

e. 用直流电阻测试仪的两个夹头夹住待测样品的两端,测试仪的显示屏上即可显示出电阻值。

测试要求 $\rho \leqslant 0.0258 \Omega \cdot mm^2/m$。

③ 伸长率

测试方法

a. 裁剪一定长度的待测涂锡焊带样品,记录初始长度L_1并将其输入拉力试验机的电脑测试软件内。

b. 用万能试验机上的夹子夹住上述样品的两端。

c. 开启万能试验机,开始拉伸待测样品,直到拉断。

d. 可以从万能试验机上读出该测试样品的伸长率和抗拉强度。

测试要求 伸长率不小于15%。

④ 抗拉强度

测试方法 使用拉力试验机（万能试验机），方法同上。

测试要求 抗拉强度不小于200MPa。

⑤ 盐雾腐蚀试验

测试方法

a. 将待测涂锡焊带样品焊接上1或2片电池片。

b. 将其按照"玻璃/EVA/电池片/EVA/背膜"的顺序叠层好，并在一定的层压固化工艺下进行小尺寸样品制作。

c. 将上述样品放置在盐雾试验箱内并开启试验箱。

d. 连续测试1000h后取出待测焊带样品。

测试要求 待测样品表面无氧化腐蚀或色斑现象。

⑥ 湿热老化试验

测试方法

a. 将待测涂锡焊带样品焊接上1或2片电池片。

b. 将其按照"玻璃/EVA/电池片/EVA/背膜"的顺序叠层好，并在一定的层压固化工艺下进行小尺寸样品制作。

c. 将上述小样品放入湿热老化箱内，在85℃、85%RH的条件下持续1000h后取出，用肉眼观察样品状况。

测试要求

a. 焊带本身无氧化、发黄和发黑现象。

b. 焊带附近区域的EVA无变黄和脱落现象。

(4) 焊带质量对光伏组件性能的影响　焊带质量（如可焊性和焊带电阻等）会影响焊接质量，进一步会造成光伏组件的功率损失。光伏组件的功率损失除了失配损耗、光学损耗和热损耗等外，串联电阻损耗（包括连接电池片的焊带本身的电阻、焊接不良导致的附加电阻、焊带与电极之间的接触电阻等）也不能忽略。光伏组件串联电阻损耗会增加封装功率损失。某些研究发现，焊带电阻主要由焊带本身的尺寸规格和铜基材的材质决定，表面涂锡层的成分不会明显影响焊带电阻。在不增加遮光和不影响碎片率的前提下，增加焊带宽度或者厚度能降低焊带电阻，从而降低组件串联电阻，提高填充因子和峰值功率并减少封装功率损失。

(5) 涂锡焊带的储存与使用要点

① 避光、避热、防潮，储存和搬运中不得使产品弯曲和包装破损。

② 最佳储存条件：恒温（15~25℃）、恒湿（<60%），用棉布或缠绕膜密封。

③ 在干燥、无腐蚀气体的室内储存，完整包装储存时间为半年，零散包装储存时间为3个月。

2. 助焊剂

助焊剂是一种以松香为主要成分的液体助焊材料，在光伏组件生产中，通常选用不含铅、无残留的助焊剂。图1-3-22为助焊剂。

(1) 助焊剂的工作原理　在焊接过程中，助焊剂通过自身的活性物质的作用，去除焊接材质表面的氧化层（如焊盘及元件管脚的氧化物），并且还能保护被焊材质在焊接完成之前不被氧化，使焊料合金能够很好地与被焊接材质结合并形成焊点；同时助焊剂中的表面活性剂使锡液与被焊材质之间的表面张力减小，增强锡液流动、浸润的性能，保证锡焊料能渗透至每一个细微的针焊缝隙。在锡炉焊接工艺中，在被焊接体离开锡液表面的一瞬间，因为助焊剂的润湿作用，多余的锡焊料会顺着管脚流下，从而避免了拉尖和连焊等不良现象，帮助焊接完成。

（2）助焊剂的成分　常用助焊剂的成分主要有以下几种。

① 溶剂：它能够使助焊剂中的各种成分均匀有效地混合在一起。目前常用的溶剂主要以醇类为主，如乙醇和异丙醇等。甲醇虽然价格成本较低，但因其对人体具有较强的毒害作用，所以目前已很少有正规的助焊剂生产企业使用甲醇。

图 1-3-22　助焊剂

② 活化剂：以有机酸或有机酸盐类为主，无机酸或无机酸盐类在电子装联焊剂中基本不被使用，在其他特殊焊剂中有时会被使用。

③ 表面活性剂：以烷烃类或氟碳表面活性剂为主。

④ 松香（树脂）：松香本身具有一定的活类等高效化性，但在助焊剂中被添加时它一般被作为载体使用，它能够帮助其他组分有效发挥其应有作用。

⑤ 其他添加剂：除以上组分外，通常根据具体的要求而向助焊剂添加不同的添加剂，如光亮剂、消光剂和阻燃剂等。

（3）助焊剂的基本要求　常用助焊剂应满足以下几点基本要求。

① 具有一定的化学活性（保证去除氧化层的能力）。

② 具有良好的热稳定性（保证在较高的焊锡温度下不分解失效）。

③ 具有良好的润湿性，对焊料的扩展具有促进作用（保证较好的焊接效果）。

④ 留存于基板的焊剂残渣对焊后材质无腐蚀性（基于安全性能考虑，对于水清洗类或明示为清洗型焊剂的应考虑在延缓清洗的过程中有较低的腐蚀性，或保证较长延缓期内的腐蚀性较弱）。

⑤ 需具备良好的清洗性（不论何类焊剂，不论是否是清洗型焊剂，都应具有良好的清洗性，在确实需要清洗的时候，都能够保证有适当的溶剂或清洗剂进行彻底的清洗）。这是因为助焊剂的根本目的只是帮助焊接完成，而不是要在被焊接材质表面做一个不可去除的涂层。

⑥ 各类型焊剂应基本达到或超过相关国家标准、行业标准或其他标准中对相关焊剂一些基本参数的规范要求（达不到相关标准要求的焊剂，严格意义上讲是不合格的焊剂）。

⑦ 焊剂的基本组分应对人体或环境无明显公害或已知的潜在危害。

对于助焊剂的储存应注意：助焊剂属于易燃液体，一般不能与电池片、EVA 和背板存放在同一仓库，应单独存放或远离其他材料存放。

（二）焊接设备

1. 焊接工具概述

焊接工具包括恒温焊接台（可调温电烙铁）、清洁海绵、松香、研磨泡沫（烙铁洁嘴器）和电烙铁测温仪等。各类焊接工具实物如图 1-3-23～图 1-3-25 所示。

① 清洁海绵的使用　使用焊台前先用水浸湿清洁海绵，再挤出多余的水分。如果使用干燥的清洁海绵，会使烙铁头受损而导致不上锡。

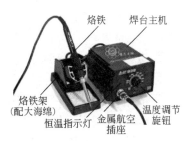

图 1-3-23　恒温焊接台

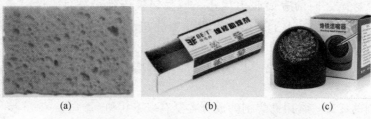

图 1-3-24 清洁海绵、松香、烙铁洁嘴器

图 1-3-25 电烙铁测温仪

② 烙铁头的清理　焊接前先用清洁海绵清除烙铁头上的杂质，以保证焊点不出现虚焊、脱焊现象，降低烙铁头的氧化速度，延长烙铁头的使用寿命。

③ 烙铁头的保护　先将焊台温度调至250℃，然后清洁烙铁头，再覆上一层新焊锡作为保护层，以将烙铁头和空气隔离，避免烙铁头被氧化。

④ 氧化的烙铁头的处理方法　当烙铁头已经氧化时，可先将焊台温度调至250℃，用清洁海绵清理烙铁头，并检查烙铁头的状况。如果烙铁头的涂锡层部分含有黑色氧化物，可涂上新锡层，再用清洁海绵擦拭烙铁头。如此反复清理，直到彻底去除氧化物，然后再涂上新锡层。如果烙铁头变形或穿孔，则必须更换新的烙铁头。注意：切勿用锉刀剔除烙铁头上的氧化物。可用80号的聚亚安酯研磨泡沫或100号金刚砂纸除去烙铁头的涂锡面上的污垢和氧化物。

2. 电烙铁

（1）电烙铁的使用和保养

- 烙铁头的使用和保养

① 在保证焊接质量的前提下，尽量选择较低的焊接温度。

② 应定期使用清洁海绵清理烙铁头。

③ 不使用电烙铁时，应抹干净烙铁头，镀上新焊锡，防止烙铁头氧化。

④ 不使用电烙铁时，不可让电烙铁长时间处在高温状态。

- 常见故障和解决方法

① 恒温台不能工作：检查保险丝是否烧断；电烙铁内部是否短路；发热元件的引线是否扭曲或短路等。

② 烙铁头不升温或断断续续升温：检查电线是否破损；插头是否松动；发热元件是否损坏等。

③ 烙铁头沾不上焊锡：检查烙铁头温度是否过高；烙铁头是否清理干净等。

④ 烙铁头温度太低：检查烙铁头是否清理干净；电烙铁温度是否需要校准等。

⑤ 温度显示闪烁：检查电烙铁引线是否破损；焊接点是否过大。

（2）电烙铁的温度检测　电烙铁温度的波动会影响到太阳电池片的焊接质量，这里采用电烙铁温度测试仪（图1-3-26）对电烙铁的烙铁头温度进行测试监控，保证其温度在正常的工作温度范围内。

(3) 电烙铁的结构和加热原理 电烙铁是手动焊接的主要工具,根据加热方式的不同,可以分为直热式、恒温式和感应式等。

直热式电烙铁(图1-3-27)又可以分为外热式和内热式两种电烙铁。外热式电烙铁通常由烙铁头、烙铁芯、弹簧夹、连接杆和手柄组成。内热式电烙铁的烙铁芯安装在烙铁头里,其热传导率比外热式电烙铁高,是手动焊接最常用的焊接工具。

图1-3-26 电烙铁温度测试仪的使用

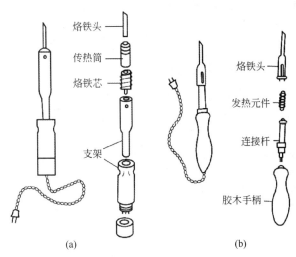

图1-3-27 直热式电烙铁的结构示意图

恒温式电烙铁的烙铁头的温度可以始终被控制在某一设定的温度。恒温式电烙铁通常由烙铁头、加热器、控温元件、永久磁铁、加热器控制开关和手柄组成。当恒温电烙铁接通电源后,加热器工作,使得烙铁头的温度不断上升,当达到设定温度时,磁铁温度超过居里点而磁性消失,从而使磁芯触点断开,加热器停止对烙铁头加热;当烙铁头温度降低至居里点时,磁铁恢复磁性,磁芯触点接通,加热器对烙铁头加热。磁芯触点的通断实现了烙铁头的恒温。

图1-3-28 烙铁头的形状

(4) 电烙铁的选用 根据焊接面的不同,要选取不同形状的烙铁头,如锥形、圆面形和圆尖锥形等,如图1-3-28所示。此外,根据焊料的特性,主要是焊料的熔点,要选取可以提供合适的焊接温度的电烙铁功率,如表1-3-4所示。

表1-3-4 电烙铁的温度选择

烙铁头的温度/℃(室温,200V)	电烙铁的选用
300~400	20W内热式、恒温式;30W外热式、恒温式
350~450	30~50W内热式、恒温式;50~70W外热式
400~550	100W内热式;150~200W外热式
500~630	300W外热式

(三) 单焊工艺

单焊也叫单片焊接，是指在电池片正面主栅线上焊接两条焊带，主要是将焊带光滑平整地焊接到每个单独的电池片单元上。电池片单片焊接如图 1-3-29 所示。单片焊接岗位工艺操作规程如表 1-3-5 所示。

单焊操作

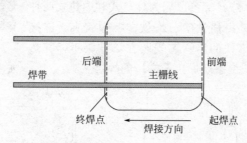

图 1-3-29　电池片单片焊接示意图

表 1-3-5　单片焊接岗位工艺操作规程

要求或阶段	具体内容
工艺要求	(1) 电池片表面清洁完整，无隐裂现象。 (2) 焊带要均匀地焊接在主栅线内，焊带与电池片主栅线的错位不大于 0.5mm。 (3) 焊带焊接后要平直、光滑、牢固，用手沿 45°角方向轻轻提拉，焊带不应脱落。 (4) 焊接后的焊带表面不应有焊锡的堆积。 (5) 焊接参数要求：电烙铁温度设定范围为 350～380℃，工作台加热板温度设定为 45～50℃，烙铁头与桌面成 40～50°夹角。 (6) 互连条浸泡约 5s，浸泡互连条的助焊剂每次用量要适度，要盖上盖子浸泡，随开随盖。使用时间超过 16h 的助焊剂不得再用。 (7) 浸泡后的互连条必须待助焊剂晾干后使用
焊前准备	(1) 穿好工作衣和工作鞋，并戴好工作帽和手套或手指套。 (2) 清洁工作台面，清洁工作区域地面，并做好工艺卫生。 (3) 备好所需工具和材料，并摆放整齐有序，做好生产准备。 (4) 将电烙铁接上电源预热，并用测温仪检测电烙铁实际温度是否正常，当测试温度与实际温度差异较大时要及时修正，并在操作中每 4h 校正 1 次。 (5) 待电烙铁温度达到设定值后，将烙铁头放于清洁海绵上擦拭干净，并在烙铁头上镀上一层锡，以便进行焊接
单焊操作步骤	(1) 焊前要对领取的电池片进行检查，要求无碎片、无隐裂、无崩边。同一批次电池片无色差，表面细栅线≤3 条断栅，无栅线脱落，表面无色斑、无污迹。 (2) 领取已经经过浸泡的焊带，把焊带放在加热台前，待焊接的电池片放置在左上方顺手的位置，方便取片。 (3) 将电池片正面向上放在单焊加热台上。 (4) 用左手直接拿或用镊子夹住焊带前端 1/3 处，平放在电池片的主栅线上，焊带要与主栅线对齐（距电池片右端边缘约 2mm 处）。右手拿电烙铁手柄，电烙铁与电池片成 45°角焊接。 (5) 焊接时将电烙铁头置于焊带上，烙铁头的起焊点应超出焊带端头约 1mm，待焊头上的焊锡熔化后，从右往左有力均匀地一次性推焊，焊接中烙铁头的平面应始终紧贴焊带，不能停顿且焊接速度控制在每条 3～5s（焊接速度为 30～40mm/s，125 单晶电池为 3～4s，156 多晶为 4～5s）。当焊到末端时，烙铁头应走到离电池片左边 4～6mm 处停止，并顺势轻提电烙铁，快速离开电池片。 (6) 先焊电池片下方的主栅线焊带，后焊电池片上方的主栅线焊带。 (7) 在焊接过程中，个别焊接不牢的地方，需用棉棒蘸取助焊剂，涂到锡带上，稍微干燥后再次补焊。 (8) 焊接完毕后将每组电池片正面向上放置，叠放整齐，下面垫以轻软物品，检查确认无误后，转入下一道工序
注意事项	(1) 焊接时要用力均匀，不能用力过大，应与电烙铁自重相当。 (2) 浸泡过助焊剂的焊带不能在空气中暴露太长时间，当表面产生白色粉末状时，应重新浸泡。 (3) 电烙铁使用完毕放在烙铁架上，防止烫伤自己和他人

单焊焊接的焊接后检查：

（1）焊接的前三片要进行拉力试验，拉力不小于3N为合格（按工艺要求）。

（2）外观检查，无裂纹、残缺；焊接面平整均匀、光滑，焊带无弯曲，如图1-3-30所示。

（3）无虚焊、漏焊现象，焊接可靠，用手沿45°左右方向轻轻提起焊带条不脱落，如图1-3-31所示。

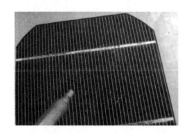 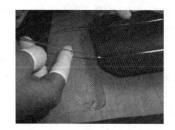

图1-3-30　电池片单焊后检查焊接面是否平整光滑　　图1-3-31　电池片单焊后检查焊接是否牢固不脱落

（四）串焊工艺

串焊又叫串联焊接，是指将单片焊接好的电池片按照工艺要求的数量一片片串联焊接起来。与电池片单片焊接一样，不正确的焊接工艺将会引起组件功率低下和逆电流增加。串焊岗位工艺操作规程见表1-3-6。

串焊操作

表1-3-6　串焊岗位工艺操作规程

要求或阶段	具体内容
工艺要求	（1）电池片表面清洁完整，无隐裂现象。 （2）焊带要均匀地焊接在背电极栅线内，焊带与背电极栅线的错位不大于0.5 mm。 （3）焊带的长度必须覆盖背电极长度的80%以上。 （4）焊带焊接后要平直、光滑、牢固，无凸起、无毛刺、无焊锡堆积。 （5）焊接参数要求：电烙铁温度设定范围为350～380 ℃，工作台加热板温度设定范围为50～55 ℃。具体参数由现场技术人员确定
焊前准备	（1）穿好工作衣和工作鞋，戴好工作帽和手套或手指套。手套和手指套、助焊剂要天天更换，玻璃器皿要清洁干净。 （2）清洁工作台面，清理无关物品，清理工作区域地面，做好工艺卫生。 （3）备好所需工具和材料，并摆放整齐有序，做好生产准备。 （4）将电烙铁接上电源预热，并用测温仪检测电烙铁实际温度是否正常，当测试温度与实际温度差异较大时要及时修正，并在操作中每4 h校正1次。 （5）待电烙铁温度达到设定值后，将烙铁头放于清洁海绵上擦拭干净，并在烙铁头上镀一层锡，以便进行焊接
串焊操作步骤	（1）焊前对单焊工序转来的每组电池片按工艺要求进行检查，没有问题后将电池片露出部分的焊带均匀地涂上助焊剂，助焊剂不能碰到电池片。助焊剂在晾干后需放在串焊模版前方指定位置。 （2）将焊有焊带的单片电池正极向上，露出焊带的一端统一朝向一个方向，依次排列在串焊模板上，一格一片，焊带落在下一片的背电极内。 （3）将电池片按模板进行定位，检查电池片之间的间距是否均匀且相等。 （4）用左手手指轻压住焊带和电池片，避免相对位置移动，右手用电烙铁从电池片左边沿起焊，待焊带上的焊锡熔化后，从左到右一次性焊接。 （5）当焊到焊带末端时，烙铁头往下滑，顺势将焊锡拖走。焊接速度控制在每条3～5 s；然后再进行另一条焊带的焊接。

续表

要求或阶段	具体内容
串焊操作步骤	(6)焊接时,烙铁头和被焊电池片成45°角。焊接下一片电池时,还要保证前一片电池位置正确,防止倾斜。 (7)在每串串联电池组的最后一片电池片的主背电极上焊两条焊带。 (8)焊接过程中要随时检查背电极与正面焊带是否在同一直线上,防止片与片之间焊带错位。焊接过程中如遇裂片或不良品,到本工序负责人处调换并做好相关记录。 (9)串联焊接数量达到一个完整组件数量后(4串或6串),经检查确认无误后将电池串放置在托板或周转盒内,转入下一道工序,并做好跟踪记录
注意事项	(1)如发现电池串有虚焊、毛刺等,不得在托板或周转盒内修补焊接,需再次放到模板上进行修补焊接。 (2)如发现有个别尺寸稍大的电池片或正电极与负电极栅线偏移≥0.5mm的电池片时,可将其调整为该电池串的首片或尾片。 其他注意事项与单焊工序注意事项相同

串焊焊接的焊接后检查:

(1) 检查焊接好的电池串是否成一条直线以及电池片之间的间距是否准确一致。

(2) 外观检查,检查焊接面是否平整光滑,有无裂纹。

(3) 检查电池串正面是否有因为焊接背电极而造成正面的开焊、虚焊和毛刺等现象出现。

(4) 检查正面焊带附近是否有多余的助焊剂结晶物,并用酒精擦拭;擦拭时需用无纺布蘸少量酒精,顺着焊带小面积轻轻擦拭。

(5) 当把已焊上的互连带焊接取下时,主栅线上应留下均匀的银锡合金;互连带焊接光滑,无毛刺,无虚焊、脱焊,无锡珠堆锡。

(6) 焊接平直、牢固,用手沿45°左右方向轻提焊带牢固不脱落。

(五) 焊接工艺参数

在晶体硅太阳电池的焊接过程中,除了电池片本身的质量因素外,影响焊接效果的主要因素有以下几个方面:焊接工艺参数(焊接温度、焊接时间等)、助焊剂的选择、焊带的选择以及操作者的操作规范等。焊接工艺参数取决于焊料和电池片电极所用的浆料,其中焊接温度和焊接时间的影响最大。

(1) 焊接温度 通常选择的焊接温度高于焊料熔点25~60℃,不宜过高,否则将使电池片变形,并因局部过热而产生缺陷。

在单焊和串焊中,焊接的温度直接影响太阳电池组件的焊接质量。电池片放置在焊接面板上操作,焊接面板一般维持在50℃左右,并起传热和使电池片受热均匀的作用,避免局部受热。在焊接过程中,由于烙铁温度较高,与电池片形成了一定温差,有热冲击。如果焊接温度偏低,焊面上的氧化层不易除去,会出现沙粒一样的粗糙麻点,而且主栅线不到一定温度时也不能与锡形成很好的欧姆接触,表面看起来是焊接上的,但不是真正意义上的合金连接,而会形成虚焊,导致操作效率偏低;如果焊接温度偏高,又会使电池片由于热应力而产生变形,导致隐裂和碎片的产生。

焊接过程中焊料中是否含铅也决定着焊接的温度,100%锡的熔点为232℃,一定比例的含铅量会降低其熔点。目前使用最多的含铅焊料SnPbAg62/36/2的熔点为190℃,无铅焊料SnAg96.5/3.5的熔点为221℃。常规的无铅焊料的熔点温度比含铅焊料的熔点温度高出30℃左右,所以无铅焊料的使用会提高焊接过程中的焊接温度,更容易产生隐裂。目前Sn-Bi系共晶焊料的熔点为138℃,但可靠性不强。Sn-Bi系焊料的熔点可以通过调整Bi的含量而控制，使其接近于锡铅焊料的熔点。

对于手工焊，除了考虑焊料熔点的问题外，还需要考虑焊接过程中电烙铁头接触涂锡带后，需要传热给涂锡焊带使其温度升高，这需要热量；焊料由固体变为液体也需要吸收热量；助焊剂的挥发同样需要热量；要想熔化的焊料能顺利流入基体，与焊接的基体材料主栅线形成合金，主栅线也必定要有一定的温度，否则熔化的焊料浇淋于冷的焊接基体上不能形成合金。综合以上因素，目前一般单晶单焊的温度为320～330℃，多晶的温度为330～350℃，串焊的温度为330～360℃。根据焊料焊带电池片的质量差异和基板温度的不同而各有不同。

（2）焊接时间　焊接时间取决于焊料和电池片电极之间作用的剧烈程度。适当的焊接时间有利于焊料与电池片之间的相互扩散、浸润，从而形成牢固的接触。

（3）焊料　在焊料的选择上，应选择与太阳电池正面电极栅线浸润性好的焊料，这样可以增大焊料与电极的接触面积，提高焊接后的附着力和可靠性。焊料和不同银浆电极的作用如图1-3-32所示。

图1-3-32　焊料和不同银浆电极的相互作用

（六）焊接工序的品质控制

（1）统计焊接生产工序中出现的缺陷种类　焊接生产工序中常见的缺陷包括组件中有异物，电池片的裂片、缺角、碎角，组件串与串之间的间隙，汇流条与电池片间间距不均匀，玻璃上有气泡、划伤，电池片电极上存在虚焊、漏焊现象，焊带焊接出现错位，电池片色差超标，EVA或PET裁剪尺寸偏大或偏小等。

（2）采用品质管理工具中的Pareto图、鱼骨图等分析方式，对统计出的各种缺陷数量做相应的分析图表，如表1-3-7、图1-3-33所示。

表1-3-7　某企业2009年6月第一周焊接工序质量问题统计

缺陷总数	缺陷种类	数量	百分比/%	累计百分比/%
88	异物	26	29.55	29.55
	裂片	23	26.13	55.68
	缺角	14	15.91	71.59
	拼接间隙	13	14.77	86.36
	碎角	8	9.09	95.45
	玻璃问题	3	3.41	98.86
	汇流条问题	1	1.14	100
	其他	0	0	100

（3）从图表中分析并列出各缺陷出现的原因，示例见图1-3-34。
（4）分析各种原因，针对每一个原因找到合理科学的解决办法。
（5）制订合理科学的措施并有力地执行。
① 人
a. 加大对新员工的工艺培训力度；
b. 提高员工的技术熟练程度；
c. 在上班期间，控制员工衣着上的任何饰物和外漏的物品；

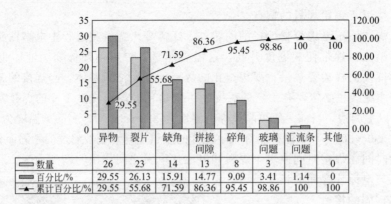

图 1-3-33 焊接工序质量问题统计示例

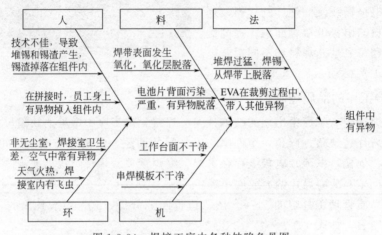

图 1-3-34 焊接工序中各种缺陷鱼骨图

d. 加大培训，提升员工对工艺质量问题的理解。

② 环

a. 每日做好车间的"6S工作"，将焊接室与车间其余工序分隔开来，禁止其他工序的人员到焊接室内走动；

b. 夏季时，在焊接室内放置灭蚊设备。

③ 机

每日做好设备的维护和清洁工作。

④ 料

a. 加大对原材料来料的检验的力度，做到严进宽出；

b. 对于不符合工艺要求的原料，坚决不使用，并上报组长；

c. EVA裁剪间必须与其余工序分隔开来，保持裁剪间工作台面干净，无其他异物。

⑤ 法

a. 强化员工的细节意识，做到知其然也知其所以然；

b. 给员工解释在操作过程中不能动作过猛的原因，培养其合规操作的意识；

c. 从缺陷中所占比例最高的缺陷开始解决，然后再逐一解决比例低的缺陷；

d. 按照每周统计的方式进行，到月底进行总结并检查执行的效果；

e. 对各工序按照出现不良缺陷的频率进行考核；

f. 定期对员工进行有效的工艺培训，提高员工的质量意识；

g. 使用大量实用的表单及 8D 报告（团队导向问题解决方法）。

三、滴胶工艺

（一）滴胶工艺器具准备

称量器具：电子天平。

调胶器具：广口平底杯、圆玻璃棒。

作业物载具：方形玻璃板、载具分隔垫块。

干燥设备：烘箱。

（二）滴胶工艺的操作步骤

（1）先将称量器具、调胶器具、作业物载具、干燥设备等必要的器具和设备以及待滴胶作业物准备到位。

（2）将电子天平、烘箱、作业物载具、工作台面放置好，并调整水平。

（3）用干爽、洁净的广口平底杯称量好 A 胶，同时按比例称好 B 胶（一般 A 胶和 B 胶为 3∶1 重量比）。

（4）用圆玻璃棒将 AB 混合物左、右或顺、逆时针方向搅拌，同时容器最好倾斜 45°角并不停转动，持续搅拌 1~2min 即可。

（5）将搅拌好的 AB 混合胶水装入带尖嘴的软塑胶瓶内进行滴胶。

（6）当滴胶面积稍大或滴胶水的数量较多时，为加速消除胶水中的气泡，可采用以液化气为燃料的火枪来催火消泡。消泡时火枪的火焰要被调整到完全燃烧状态，且火焰离作业物表面最好保持 25cm 左右的距离，火枪的行走速度也不能太快或太慢，保持适当速度即可。

（7）待气泡完全消除掉以后就可将作业物以水平方式移入烘箱加温固化，温度调节应先以 40℃左右烤 30min 再升高到 60~70℃，直到胶水完全固化。

（8）如果对滴胶效果要求严格的话，建议尽量让滴过胶水的作业物自然水平待干。

（三）滴胶工艺的注意事项

（1）电子天平、烘箱、工作台面或作业物载具等器具要务必放置水平，否则会影响称量的准确性或会使刚滴上胶水的作业物发生溢胶。

（2）用电子天平称量胶水时一定要除去容器重量，以免称量不准。

（3）所用容器具务必干爽、清洁、无尘，否则会影响胶水固化后的表面效果，导致波纹、水纹以及麻点等不良现象出现。

（4）胶水务必按重量比称量准确，比例失调会使胶水长时间不干或硬胶变软胶。

（5）务必将胶水搅拌均匀，否则胶水固化后表面会出现龟壳纹即树脂纹路，或者胶水会固化不完全。

（6）操作现场和工作环境须空气流通，并且务必做到无灰尘、杂物，否则会影响胶体的透明度或使胶水固化后表面出现斑点效果。

（7）工作环境的空气相对湿度建议控制在 68% 以内，现场温度以 23~25℃ 为宜。若工作环境湿气太重，则胶水表面会被氧化成雾状或气泡难消。温度过低或者过高都会影响胶水固化和使用的时间。

（8）滴过胶水的作业物要在集中区域待干，待干温度应该掌握在 28~40℃。

（9）如需加快速度，可以采用加温固化的方式，但必须要在集中待干区域待干90min以上才能进行加温。加温温度应该控制在65℃以内，具体干燥时间要根据胶水本身来定。

E-07AB和E-08AB型胶水在65℃温度下可以在8h内完全固化。常规操作采用28～35℃的常温固化，时间应该在20h左右，这样可以最大限度地保证滴胶质量。

（10）胶桶开盖倒出胶水后需马上盖好，避免其与空气长时间接触导致胶水氧化结晶。

（四）滴胶工艺设备

除了手动滴胶外，也可以使用全自动点胶机进行滴胶工艺。全自动点胶机（图1-3-35）广泛应用于半导体、电子零部件、LCD制造等领域。其原理是通过压缩空气将胶压进与活塞相连的进给管中。当活塞上冲时，活塞室中填满胶；当活塞下推时，胶从点胶头压出。全自动点胶机适用于流体点胶，在自动化程度上远远高于手动点胶机。从点胶的效果来看，其产品的品质级别会更高。

图1-3-35　全自动点胶机

全自动点胶机具有空间三维功能，不但可以走平面上的任意图表，还可以走空间（多个平面）三维图；此种设备具有USB接口，各机台之间能以程序传输；具有真空回吸功能，确保不漏胶，不拉丝，并且可配点胶阀和大容量的压力桶使用（当要点的胶量较大时）。

任务四　环氧树脂胶光伏组件的测试与优化

环氧树脂胶光伏组件在制作完成后，需要检查外观，检查工艺过程有无问题，测试电学性能，如输出电流、电压等。

具体步骤如下：

（1）检查制作好的环氧树脂胶光伏组件的实际作品与任务二中设计的版型图是否一样，实际产品是否按照设计要求完成。

（2）检查环氧树脂胶光伏组件的外观。若表面光滑、平整，电池串布排美观，且胶层的厚度适中，则说明作品合格；若表面有毛刺、气泡、褶皱等，则说明环氧树脂胶滴胶工艺控制不当，严重的需要返工重新制作；若光伏组件的边缘有多余的胶，则需修剪平整。

（3）在室内模拟太阳光源下，用万用表或者光伏组件叠层铺设台上的电压和电流表测试环氧树脂胶光伏组件的电压和电流；若有电压和电流，则说明光伏组件可以在模拟光源或者太阳光下工作；若无电压、电流或者其数值非常小，则说明光伏组件不能在模拟光源或者太阳光下工作，这时需要检查光伏组件的制作工艺，重新返工制作。

（4）将环氧树脂胶光伏组件和太阳能小车配件一起装配并调试，检查在太阳光下太阳能小车是否可以工作。若能工作，则整个项目成功完成；若不能工作，则需要检查原因。若小车装配线路没有问题，则检查光伏组件的功率是否足够，必要时需要返工，直至太阳能小车能够工作。

【任务单】

1. 学习必备知识中包括环氧树脂胶光伏组件测试要点和太阳能小车调试安装示例。
2. 按照下表清单指引，依次完成学生工作手册中的表格要求内容。
3. 准备测试工具和太阳小车配件，动手组装并调试太阳能小车，最终完成环氧树脂胶光伏组件的测试和优化，获得能够工作的简易太阳能小车作品。

需要按照顺序依次完成的学生工作手册表格清单如下：

序号	工作手册表格名称	是否完成
1	1-4-1 环氧树脂胶光伏组件的测试与优化记录单	是□ 否□
2	1-4-2 环氧树脂胶光伏组件的测试与优化报告单	是□ 否□
3	1-4-3 环氧树脂胶光伏组件的测试与优化评价单	是□ 否□

能量小贴士

"治玉石者，既琢之而复磨之，治之已精，而益求其精也。"——朱熹对《论语·学而》中的"如琢如磨"的注解。环氧树脂胶光伏组件的输出电压和电流参数一般都较小，因此在测试过程中需要我们学习古代工匠在雕琢器物时执着专注的工作态度，认真细致，精益求精。

【必备知识】

一、环氧树脂胶光伏组件的测试要点

环氧树脂胶光伏组件的测试要点如表1-4-1所示。

表1-4-1 环氧树脂胶光伏组件的测试要点

测试项目	测试内容	测试标准
外观	(1)外观是否光滑、平整、美观 (2)表面有无毛刺、气泡、褶皱等 (3)边缘是否有多余的胶	外观光滑、平整、电池串美观，边缘整齐无胶，为合格品
电学性能	在模拟太阳光源下，测试组件的电压、电流	若有电压和电流，则合格；若无电压、电流或者数值非常小，则不合格
装配调试	将光伏组件和太阳能小车配件装配调试，检查是否可以工作	若能够在太阳光下工作，则说明项目合格；若不能工作，则检查装配线路是否有问题或者组件功率是否过小
与设计方案对比	对比实物与设计方案是否一致	若一样，则说明光伏组件制作工艺过程控制得很成功，合格；若不一致，则需要反思并检查工艺过程，优化工艺

环氧树脂胶光伏组件由于其工艺简单、成本较低，主要用于各种小的光伏应用产品。外观要求光滑、平整、美观。典型的环氧树脂胶光伏小组件成品如图1-4-1所示。

图1-4-1　环氧树脂胶光伏小组件成品

二、太阳能小车调试安装示例

环氧树脂胶光伏组件可用于太阳能小车、太阳能小风扇、太阳能小灯等小光伏应用产品。典型的小功率太阳能应用产品如图1-4-2所示。

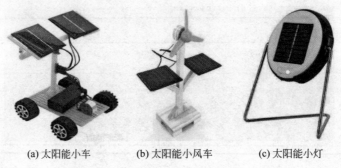

(a) 太阳能小车　　　(b) 太阳能小风车　　　(c) 太阳能小灯

图1-4-2　典型的小功率太阳能应用产品

项目二 常规层压光伏组件的设计与制作

项目介绍

一、项目背景

2013年，中国提出共建"丝绸之路经济带和21世纪海上丝绸之路"（下文简称"一带一路"）的倡议。至今，我国已与140个国家、32个国际组织签署了206份共建"一带一路"合作文件，建立了90多个双边合作机制。能源是"一带一路"建设的先行领域之一。光伏发电等新能源产业的发展将会对沿线国家和地区的生态环境保护、产业发展以及节能减排等产生正效应。在以越南、巴基斯坦等为代表的新兴市场中已经制定光伏政策目标的国家有180个；装机规模超过1GW的国家和地区有24个，超过10MW规模的国家和地区超过150个。泰国明确2030年实现30GW累计装机目标；越南光伏规划装机量为2025年4GW和2030年12GW。这将不断拉动东南亚、中东、非洲、拉丁美洲等"一带一路"沿线市场未来的需求。

【订单】

某光伏组件公司的主要业务之一是面向东南亚的产品。现接到一批订单，需要制作一批太阳能交通警示灯，其中光伏组件需要自己制作，并和其他配件一起组装调试，运往柬埔寨安装。假设你是一名光伏专业创新创业学生团队的成员，到该公司实习，承担了该订单的任务工作。如何完成该订单任务呢？

二、学习目标

1. 能力目标

（1）能够根据订单要求制订层压光伏组件的项目工作方案，设计一定功率的层压光伏组件；

（2）能够绘制常规层压光伏组件的版型图；

（3）能够使用叠层铺设台上的电压电流表测试光伏组件的电流和电压；

（4）能够使用层压工艺将太阳电池串封装成层压光伏组件。

2. 知识目标

（1）熟悉层压光伏组件的结构及设计方法；
（2）掌握光伏组件的版型图的绘制方法；
（3）掌握叠层铺设工艺的工艺流程；
（4）掌握层压机的设备结构和操作流程。

3. 素质目标

（1）具备独立分析、设计、实施和评估的能力；
（2）诚实守信、工作踏实，能够按照操作规程开展工作；
（3）培养质量意识和安全意识，形成精益求精的产品优化意识。

三、项目任务

项目二学习目标分解

任务	能力目标	知识目标	素质目标
任务一 层压光伏组件的工作方案制订	能够根据订单要求制订层压光伏组件的项目工作方案	（1）熟悉层压光伏组件的结构； （2）了解层压光伏组件的制作工艺流程； （3）了解层压光伏组件制作过程所需的原材料、设备工具	（1）具备市场调研、资料查找能力； （2）具备互联网营销能力
任务二 层压光伏组件的版型设计与图纸绘制	（1）能够根据客户需求设计不同功率的层压光伏组件； （2）能够采用 AutoCAD 软件等绘制层压光伏组件的版型图	（1）掌握层压光伏组件的基本设计方法； （2）了解层压光伏组件版型图的内容和样式； （3）掌握层压光伏组件的版型图的绘制方法	（1）具有独立设计能力； （2）具有精益求精的工匠精神
任务三 层压光伏组件的制作	（1）能够操作太阳电池分选机将太阳电池片按电学性能标准进行分类； （2）能够单焊和串焊太阳电池单元； （3）能够正确裁切层压光伏组件所需的各层材料，并正确叠层铺设； （4）能够使用层压工艺将太阳电池串封装成层压光伏组件； （5）能够给组件装边框； （6）能够安装接线盒	（1）掌握太阳能分选机的操作流程； （2）掌握整片太阳电池的单焊、串焊工序的工艺流程； （3）掌握裁切和叠层铺设工艺流程； （4）掌握层压工艺的工艺流程； （5）掌握装边框的工艺方法； （6）掌握接线盒的安装工艺方法	（1）具有将知识与技术综合运用的能力； （2）培养劳动精神； （3）培养团队协作能力
任务四 层压光伏组件的测试与优化	（1）能够采用光伏组件 I-V 曲线测试仪测量层压光伏组件的电学性能； （2）能够分析和优化层压光伏组件制作工艺流程	（1）掌握层压光伏组件的电流和电压测试的方法； （2）了解层压光伏组件不合格的主要原因	（1）具备归纳和分析能力，并能准确表达； （2）具有发现问题、解决问题的能力

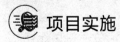项目实施

任务一　层压光伏组件的工作方案制订

2W 以上功率的晶体硅光伏组件通常采用层压工艺封装的光伏组件结构。层压光伏组

件可以用作功率要求较高、使用寿命较长的光伏应用产品以及光伏电站中。与环氧树脂胶光伏组件相比较，由于该种类型的光伏组件由于采用了高透明度的 EVA 胶膜、光伏玻璃等，因此太阳光透过前表面玻璃和胶膜的透过率要好很多，并且在同等面积下，功率会高一些。

在制作层压光伏组件之前，首先需要分析客户需求，根据客户订单要求，分析制订层压光伏组件的项目工作方案。通常项目的工作方案包括客户需求、组件的结构尺寸、工艺步骤、原材料、设备工具、检验标准等内容。项目分析思路见图 2-1-1。

完成该工作方案通常需要以下几个步骤：

（1）根据订单，分析客户需求，并确定所需的光伏组件的类型、尺寸或功率；

（2）确定订单所需要的层压组件的结构；

（3）分析确定该层压光伏组件的工艺流程；

（4）分析确定完成该小组件所需要的原材料，并做好备料；

（5）分析确定所需要的设备和辅助工具；

（6）分析确定最终产品的检验标准，以便确定合格产品，不合格产品需要返修优化。

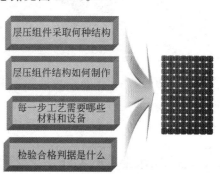

图 2-1-1 项目二分析思路

【任务单】

序号	工作手册表格名称	是否完成
	1.学习必备知识中包括层压光伏组件的结构以及制作工艺流程；了解制作层压光伏组件制作过程所需的工具和原材料。	
	2.按照下表清单指引，依次完成学生工作手册中的表格要求内容，最终制订完成层压光伏组件的制备工作方案。需要按照顺序依次完成的学生工作手册表格清单如下：	
1	2-1-1 层压光伏组件的工作方案制订信息单	是□ 否□
2	2-1-2 层压光伏组件的工作方案制订准备计划单	是□ 否□
3	2-1-3 层压光伏组件的工作方案制订过程记录单	是□ 否□
4	2-1-4 层压光伏组件的工作方案制订报告单	是□ 否□
5	2-1-5 层压光伏组件的工作方案制订评价单	是□ 否□

能量小贴士

"君不见昆吾铁冶飞炎烟，红光紫气俱赫然。良工锻炼凡几年，铸得宝剑名龙泉。"——唐朝郭震的《古剑篇》。层压光伏组件工艺参数较多，我们应像历代铸匠那样，通过精益求精的钻研，才能把产品做得更好。

【必备知识】

一、层压光伏组件的结构

常规的层压光伏组件的结构如图 2-1-2 所示。太阳电池片夹在面板玻璃和

层压封装光伏组件结构

TPT 背板的中间，并通过 EVA 胶膜密封和粘接到面板玻璃和 TPT 背板上。TPT 背板上还粘接了接线盒。面板玻璃和 TPT 背板的边沿安装了边框，并用硅胶密封。

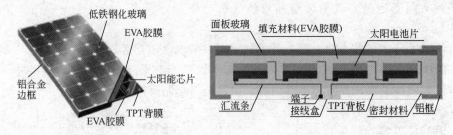

图 2-1-2 层压光伏组件的结构示意

层压光伏组件由于其应用的场景不同，有的安装铝边框、有的不安装铝边框。背板可选的材料种类较多，可以选用光伏玻璃、不同颜色的背板等。但无论怎样变化，其核心的性能如抗压力、冲击、防水等功能都需要保障，以满足不同应用场景和寿命需要。

二、层压光伏组件的制作工艺流程

层压光伏组件在生产中的典型工艺流程如图 2-1-3 所示。具体的工艺步骤如下：

图 2-1-3 层压光伏组件的生产工艺流程

(1) 电池片分选。对电池片进行外观和电学性能检测；必要时进行分档，将电池片按照电压、电流、功率差异进行分档，以备后续做组件使用。尽可能减少由于电池片的性能差异而造成的制作过程中的功率损失。

(2) 单片焊接。将互连条焊接到电池片正面（负极）的主栅线上。

(3) 串焊。将单片焊接好的电池片按照工艺要求的数量一片片串联焊接起来。

(4) 叠层。将焊接好的电池串与面板玻璃、EVA 和背板按照一定的规则铺设好，焊接汇流带并引出电极。

(5) 中检。在叠层铺设台上，用电流表和电压表检测电池串的电流和电压。

(6) 层压。将叠层铺设好的材料放入层压机层压成一个整体。

(7) 固化。让高温层压的光伏组件固化。

(8) 装框接线。装接线盒，并焊接引线。

(9) 清洗。清洗组件上的沾污等。

(10) 终测。测试光伏组件的 I-V 特性和电学性能。

(11) 终检。最终检查一遍组件的外观、铭牌等。

(12) 包装。包装光伏组件，使其可以作为成品出厂。

三、层压光伏组件制作过程中所用的原材料、设备工具

（一）原材料

在组件制作之前准备好所需要的原材料，主要包括：太阳电池片、前面板光伏玻璃（图

2-1-4）、背板（图 2-1-5）、焊带、焊锡、EVA 胶膜（图 2-1-6）和汇流带（图 2-1-7）。

图 2-1-4　光伏玻璃

图 2-1-5　背板

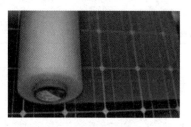

图 2-1-6　EVA 胶膜

图 2-1-7　汇流带

边框及接线盒等所需材料：铝边框、各部位专用胶水硅胶、配套的各种功率接线盒、MC3 及 MC4 电缆接头、MC3 及 MC4 并联分支连接器等。

（二）设备工具

电脑、绘图软件（AutoCAD）、太阳电池分选机（图 2-1-8）、激光划片机、焊接台、可调温电烙铁、助焊剂、电烙铁测温仪、万用表、尺子、小刀、叠层铺设台、层压机（图 2-1-9）、组件 I-V 测试仪、层压机专用高温布 4 块、铝框专用裁切工具等。

图 2-1-8　太阳电池分选机

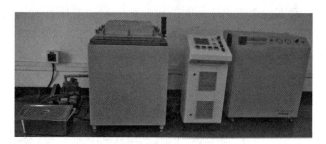

图 2-1-9　层压机

任务二　层压光伏组件的版型设计与图纸绘制

本任务主要是在任务一要求的设计方案、原材料准备的基础上，设计确定太阳能交通警示灯用光伏组件的功率大小、尺寸大小和电池片的布排，并绘制光伏组件的版型图。具体步骤与项目一任务二中类似，此处不再详述。

光伏组件制备工艺

【任务单】

1. 复习项目一的必备知识中包括光伏组件的设计要点以及设计方法和实例,了解光伏组件的结构设计要求;学习本任务的必备知识中的典型层压光伏组件的版型图示例。
2. 按照下表清单指引,依次完成学生工作手册中的表格要求内容,最终完成层压光伏组件的版型设计与图纸绘制。
   需要按照顺序依次完成的学生工作手册表格清单如下:

序号	工作手册表格名称	是否完成
1	2-2-1 层压光伏组件的版型设计与图纸绘制信息单	是□ 否□
2	2-2-2 层压光伏组件的版型设计与图纸绘制计划单	是□ 否□
3	2-2-3 层压光伏组件的版型设计与图纸绘制记录单	是□ 否□
4	2-2-4 层压光伏组件的版型设计与图纸绘制核验单	是□ 否□
5	2-2-5 层压光伏组件的版型设计与图纸绘制评价单	是□ 否□

能量·小贴士

《吕氏春秋》记载:"物勒工名,以考其诚,工有不当,必行其罪,以究其情。"秦朝的"物勒工名"制度为其精湛的铜车马、兵马俑等艺术品提供了保障。光伏组件的版型设计是光伏组件生产的依据,其设计的准确性、合理性、可行性对产品质量具有重要意义。

【必备知识】

典型层压光伏组件的版型图示例如下。

层压光伏组件的版型设计根据具体使用的光伏应用产品及场景的不同,其结构会有少许的差异。

(1) 考虑光伏应用产品的结构,确定光伏组件是和光伏应用产品组成一个整体的结构,设计时需要考虑光伏组件的尺寸、形状,是否能和所用到的光伏应用产品结构相匹配。这时,光伏组件是作为光伏应用产品的一个结构部件,如图 2-2-1 所示。

图 2-2-1 光伏组件作为光伏应用产品的结构部件示例

(2) 光伏组件和光伏应用产品作为分体结构使用。设计时,光伏组件主要是作为一个独立的电源使用,只需考虑光伏组件的安装位置,以及功率、电压、电流等电学性能是否满足光伏应用产品使用要求。不把光伏组件作为光伏应用产品的一个整体组成结构部件,不需要考虑其是否能够与光伏应用产品的结构相装配的问题,如图 2-2-2 所示。

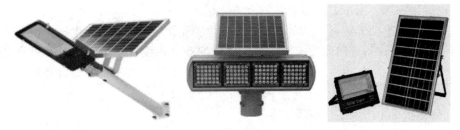

图 2-2-2 光伏组件作为光伏应用产品的一个独立电源使用的示例

任务三 层压光伏组件的制作

本任务以层压光伏组件的设计图纸为基础开始制作光伏组件。层压光伏组件的制作工艺流程如图 2-3-1 所示。

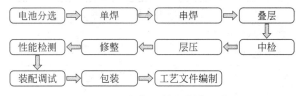

图 2-3-1 层压光伏组件的制作工艺流程

具体的工艺步骤如下：

（1）根据设计图纸选取单晶硅或多晶硅电池片，在太阳电池分选机上测试，确定太阳电池片的电学性能参数，必要时分档。

（2）使用激光划片机划片。划片时，需要注意所选取的电池片的栅线方向和栅线的尺寸位置。设计激光划片路径图，并与设计图纸对照，确认正确无误方可开始激光划片。这样可以避免由于初次设计不熟练导致的电池片原材料浪费。

（3）开启焊接台，准备好恒温电烙铁，确认电烙铁的温度。准备好涂锡焊带，开始电池片的单面焊接。

（4）在电池片前表面栅线焊接完成后，开始背面串焊。串焊前，按照设计的图纸布排好电池片的位置，然后按照正负极串联的方式将电池片串焊。

（5）按照设计要求，准备光伏玻璃、EVA 胶膜和背板材料，并按照一定的顺序铺设好材料和太阳电池串。将焊接好的电池串按照设计图纸要求采用汇流带焊接。电池串的正负极穿过背板，汇集在背板的背面，便于后续使用。

本部分需要注意电池串之间的间距、汇流带与背板边缘的尺寸间距等细节尺寸，布排整齐、美观。电池串和背板之间可以用少量的透明胶带固定，避免在后续滴胶工艺时挪动了位置而影响组件的质量。

（6）在叠层铺设台上的模拟太阳光源照射下，用电流表和电压表分别连接电池串的正负极，测试电流和电压数值。

若电池片有隐裂或焊接过程中未焊接好等工艺原因，则会造成电池串没有电流、电压或者数值几乎没有。这时需要检查电池片是否有隐裂、碎片，焊接是否有虚焊或焊接质量不好导致串联电阻过大等原因，并返工优化工艺。

(7) 将电池串和背板布排固定好,可以采用少量的透明胶带固定,并放入层压机层压。

(8) 在固化好后,用小刀修整组件周边的毛刺等。

(9) 采用光伏组件I-V测试仪在模拟光源下检测光伏组件的电流、电压等电学参数。

(10) 将光伏组件与太阳能交通警示灯配件装配调试,检查在太阳光下太阳能交通警示灯能否工作。若能正常工作,则说明光伏组件的质量、功率大小等满足设计要求。

(11) 包装成品。

(12) 编制批量生产的工艺流程文件。

【任务单】

1. 复习项目一必备知识中的激光划片工艺、焊接工艺和滴胶工艺。学习本任务的必备知识中的太阳电池分选、叠层铺设、层压、修边、装边框、安装接线盒和清洗工艺。
2. 按照下表清单指引,依次完成学生工作手册中的表格要求内容。
3. 准备工具和材料,动手制作层压光伏小组件,最终完成层压光伏组件的制作。

需要按照顺序依次完成的学生工作手册表格清单如下:

序号	工作手册表格名称	是否完成
1	2-3-1 层压光伏组件的制作信息单	是□ 否□
2	2-3-2 层压光伏组件的制作计划单	是□ 否□
3	2-3-3 层压光伏组件的制作记录单	是□ 否□
4	2-3-4 层压光伏组件的制作报告单	是□ 否□
5	2-3-5 层压光伏组件的制作评价单	是□ 否□

能量·小·贴士

"业精于勤,荒于嬉;行成于思,毁于随。"——韩愈《进学解》。光伏组件的生产需要勤劳的双手去完成,在此过程中也需要我们不断学习、思考和总结,才能不断提高生产效率和产品质量。

【必备知识】

一、太阳电池分选

太阳电池的分选包括外观检验和电学性能测试。分选的目的是提高电池片的利用率,降低组件的损耗。

(一)外观检验

外观检验就是按照相关的质量检验标准(包括合同、合约、设计文件、技术标准、产品图纸、试验方法和质量评定规则)对原材料进行外观检验,包括采用仪器设备检测或通过检验人员的感觉器官(如眼、耳、鼻、舌、身)来判断和检验。除了目测外,金相显微镜也是常见的检验工具。检查的项目:有无缺口、崩边、划痕、栅线印刷不良等;按电池片膜色分类,如浅蓝色、深蓝色、黑色、暗紫色等。太阳电池的外观检验内容除了电池片的整体外观外,还包括电池片正面和背面的印刷质量。作为实例,这里给出多晶硅太阳电池片的外观检验标准,如表2-3-1所示。

表 2-3-1　多晶硅太阳电池片的外观检验标准

类别	检查项目	图示或定义	A 级	B 级	C 级
总体外观	裂纹、隐裂、穿孔		在日光灯下用肉眼观测，不允许有可见的此类缺陷		
	缺口	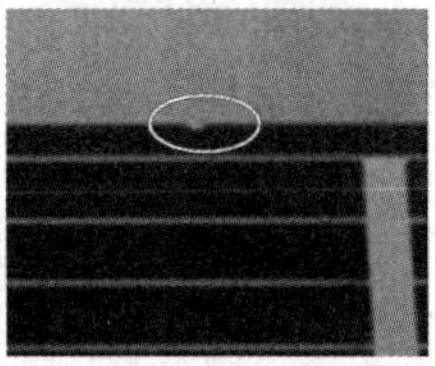	在日光灯下用肉眼观测，不允许明显可见的缺损	缺口不能有尖角，宽度 $W \leqslant 0.5mm$，长度 $L \leqslant 2mm$，总数目不多于 4 个	缺口不伤及栅线
	正面崩边	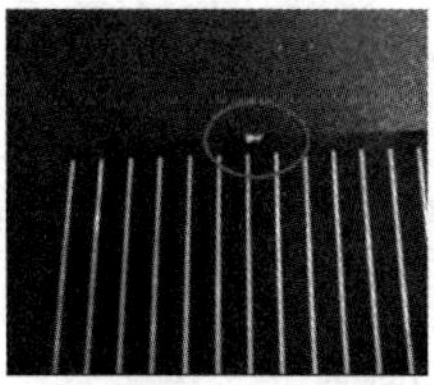	(1) 单个不大于 1mm 宽×1mm 长，个数不多于 2 个； (2) 深度不超过电池片厚度的 2/3，间距大于 10mm； (3) 主栅线端点边缘没有崩边	(1) 深度不超过电池片厚度的 2/3，单个不大于 1mm 宽×2mm 长，个数不多于 1 个； (2) 单个不大于 1mm×1mm，个数不多于 2 个，主栅线端点边缘没有崩边	超过 B 级标准的完整电池片
	背面崩边		单个不大于 1mm 宽×2mm 长，个数大多于 2 个，但是间距大于 30mm	单个不大于 1mm 宽×3mm 长，个数不多于 3 个	超过 B 级标准的完整电池片
	尺寸偏差	电池片边长的测量值与标称值的最大允许差值	$\leqslant \pm 0.5mm$	$\leqslant \pm 1mm$	超过 B 级标准的完整电池片
	弯曲度	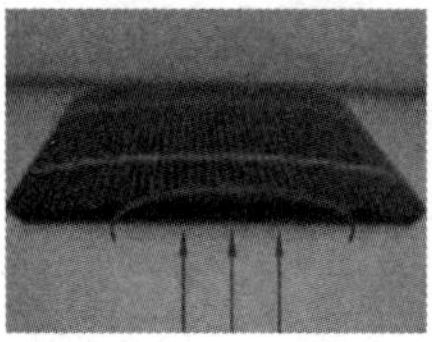	(1) 硕禾 132 铝浆：156 电池片的弯曲度不大于 2mm（厚度为 200μm 或 180μm） (2) 其他铝浆：156 电池片的弯曲度不大于 2mm（厚度为 200μm）	156 电池的弯曲度不大于 2.5mm（厚度为 200μm）或弯曲度不大于 3mm（厚度为 180μm）	超过 B 级标准的完整电池片
花片	色差	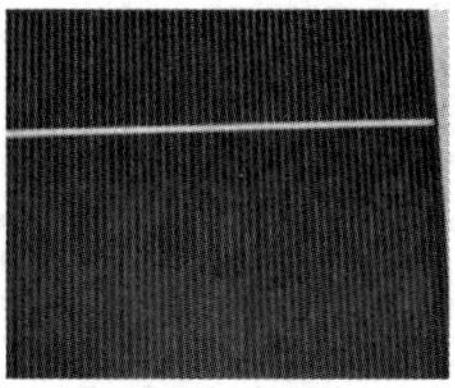	(1) 单片和整包电池片的颜色均匀一致，颜色范围从红色开始，经深蓝色、蓝色到浅蓝色，允许相近颜色，但是不允许跳色，以主体颜色为深蓝色进行分类； (2) 单片和整包电池片最多只允许存在 2 种相近颜色； (3) 不允许明显可见的局部反光或绒面不均匀	存在不明显的色差、局部反光和绒面不均匀，并且面积不超过总电池面积的 1/6	超过 B 级标准的完整电池片

续表

类别	检查项目	图示或定义	A级	B级	C级
花片	正面划痕	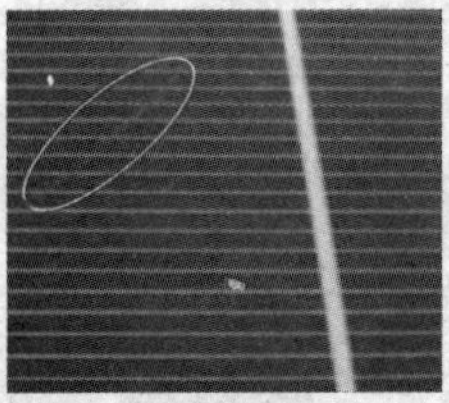	尺寸不大于10mm,个数不多于2个;距30~50cm观察不明时可以忽略不计	尺寸不大于20mm,个数不多于2个;个数超过2个的轻微划痕,目测距离1m不可见,允许进入下一道工序	超过B级标准的完整电池片
	斑点		(1)单个白斑面积不大于3mm²,个数不多于1个;(2)黑油斑:不允许;(3)类油斑:单个面积不大于3mm²,允许1个	(1)单个白斑的面积不大于5mm²且个数不多于3个;(2)数目超过3个的轻微斑点,目测距离1m,不可见,忽略不计;(3)黑油斑:不允许;(4)类油斑:单个面积不大于5mm²且个数不多于3个	超过B级标准的完整电池片
	水印	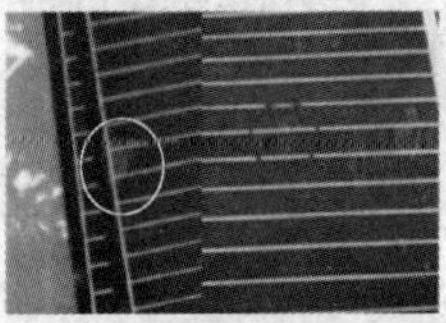	单个面积不大于3mm²,个数不多于3个	单个白色水印面积不大于5mm²,个数不多于5个	超过B级标准的完整电池片
	清洗过刻		(1)不伤及栅线;(2)超过目测距离1m不可见,允许进入下一道工序	允许进入下一道工序	超过B级标准的完整电池片
	手印脏片		允许正视1m看不明显的浅色手印,尺寸不大于5mm×5mm,允许存在一处	尺寸不大于5mm×5mm,且个数不多于3个	超过B级标准的完整电池片
正面印刷	细栅、断栅、虚印	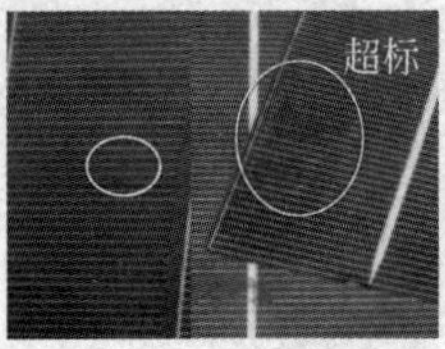	(1)断栅长度介于0.5~1mm且个数不多于2个;(2)分散的断栅小于0.5mm且个数不多于5个,同一根栅线不超过3处;(3)距离为30~50cm不明显的断栅忽略不计;(4)不允许存在明显可见的虚印	(1)小于1mm的断栅个数不多于10个;(2)小于0.1mm的断栅忽略不计;(3)虚印面积小于15mm×10mm	超过B级标准的完整电池片

续表

类别	检查项目	图示或定义	A级	B级	C级
正面印刷	正面主栅线漏印		主栅线清晰完整,均匀连续	一片上缺失的大小不大于0.5mm×5mm	超过B级标准的完整电池片
	正面主栅线脱落		不允许	不允许	超过B级标准的完整电池片
	正面印刷偏移		(1)左右偏移(与主栅线垂直方向):边框两边到电池片边缘的距离差不大于1mm,且浆料不能接触到电池片的边缘;(2)角度偏移:同一边框线到电池边缘的最大距离与最小距离的差不大于0.5mm	(1)左右偏移:边框两边到硅片的距离差不大于1mm,且任何细栅线不能到电池片的边缘;(2)角度偏移:边框线与边缘的最小距离大于0.5mm	超过B级标准的完整电池片
	漏浆		单个漏浆面积不大于1mm²,个数不多于2个	单个漏浆面积不大于1mm²,个数不多于5个	超过B级标准的完整电池片
	结点	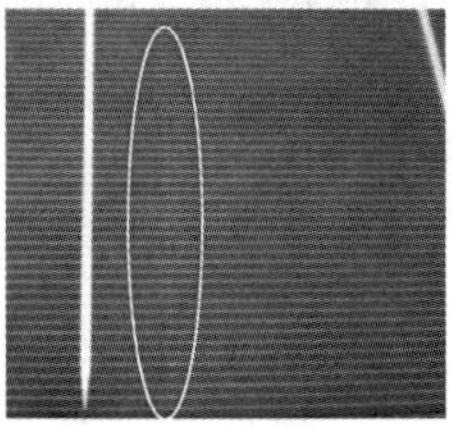	(1)单个面积不大于2mm长×0.5mm宽,且个数不多于2个;(2)单个面积不大于1mm长×0.5mm宽,且个数不多于5个	(1)分散结点:单个面积不大于1mm长×0.5mm宽,个数不限;(2)连续相邻结点:单个面积不大于2mm长×0.5mm宽,总个数不多于3个;(3)单个面积不大于1mm长×0.5mm宽,且总个数不多于10个	超过B级标准的完整电池片
	栅线粗细不均	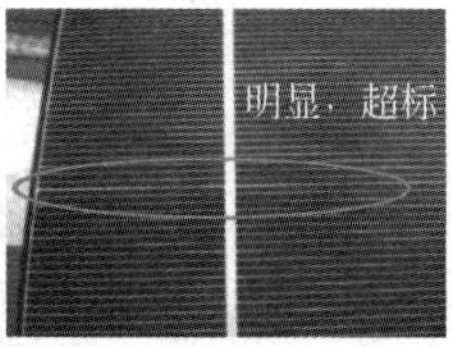	(1)允许边框栅线印粗(明显白色浆料)宽度不大于2倍栅线宽度;(2)中间单根栅线印粗:印粗长度不大于1/4细栅线长度,宽度不大于2倍栅线宽度;(3)多条细栅线连续印粗:印粗长度不大于2cm,宽度不大于2倍栅线宽度,不超过3处	允许	超过B级标准的完整电池片

续表

类别	检查项目	图示或定义	A级	B级	C级
背面印刷	背面主栅线缺失	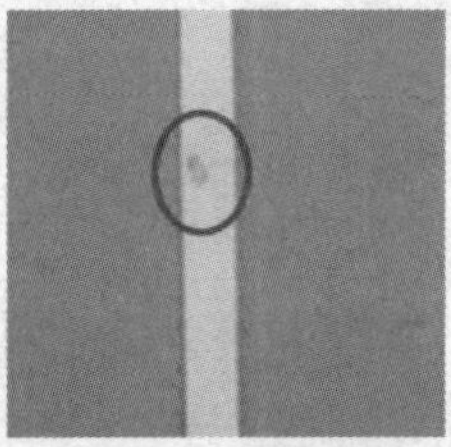	一片上缺失大小不大于1mm宽×5mm长	一片上的缺失大小不大于5mm宽×5mm长	超过B级标准的完整电池片
	铝包	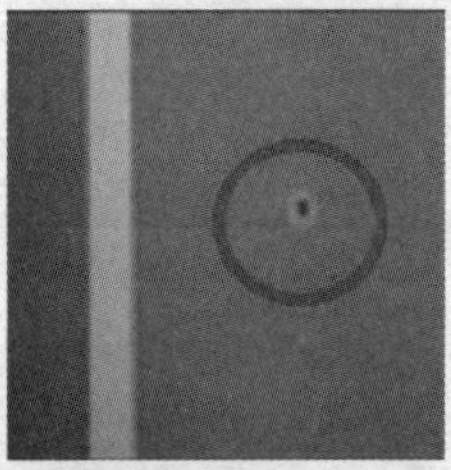	铝包直径不大于5mm,且高度不大于0.15mm	铝包直径不大于8mm,且高度不大于0.2mm	超过B级标准的完整电池片
	背场漏浆		(1)单个面积不大于1cm^2,个数不超过1个; (2)单个面积不大于1mm^2,个数不超过3个	(1)单个面积不大于1cm^2,个数不多于2个; (2)单个面积不大于1mm^2,个数不多于5个	超过B级标准的完整电池片
	背场脱落		(1)左右偏移:印刷边缘到电池片边缘的距离差不大于1mm,且浆料不能接触到电池片的边缘; (2)角度偏移:同一背场边缘到电池片边缘的最大距离与最小距离的差不大于0.5mm	(1)左右偏移:印刷边缘到电池片边缘的距离差不大于1mm,且浆料不能接触到电池片的边缘; (2)角度偏移:背场与电池片边缘的最小距离大于0.5mm	超过B级标准的完整电池片
	铝刺	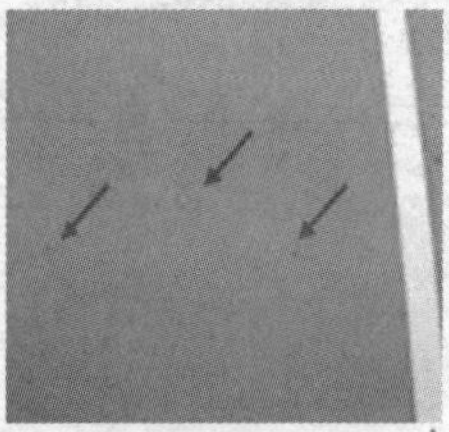	不允许		

(二) 电学性能测试

太阳电池的电学性能的差异会影响光伏组件的电学性能。太阳电池产生电能的大小不仅与其转换效率有关,还与太阳辐照度和太阳电池的面积有关。为了使不同的太阳电池之间的输出功率具备可比性,必须在相同的标准条件下去测试太阳电池。国际通用的标准测试条件包括:太阳辐照度,$1000W/m^2$;太阳光谱,AM1.5;测试温度,(25 ± 2)℃。

通常采用电池片分选测试仪对电池片的开路电压、短路电流、功率等电学参数进行测试,并按测试的数值判定其是否合格。合格的产品按每0.05W为一档放置。太阳电池片的检验工艺技术规程如表2-3-2所示。

表 2-3-2　太阳电池片的检验工艺技术规程

项目	具体内容
单片测试仪校准	(1)开始测试前及连续工作4h后,使用标准电池片校准一次。 (2)校准电池片的选择:使用单晶硅标准电池片检测单晶硅电池片,使用多晶硅标准电池片检测多晶硅电池片。 (3)短路电流校准允许误差为±3%。 (4)每次校准后要填写单片测试仪校准记录表
电池片的测试	(1)电池片测试前,需在测试室内放置24h以上,然后进行测试。 (2)测试环境温度和湿度要求:温度为(25±3)℃;湿度为20%～60%RH;测试室保证门窗关闭,无尘
电池片分档	采用"定电压,定电流"的方法对电池片进行档位的划分,如以定电流方式进行分档,则电流每差0.1A分为一档
电池片重复测试误差	电池片重复测试误差小于±1%
压缩空气压力	测试时所使用压缩空气的压力为5～8MPa

(三) 电池片分选测试仪

单片测试仪也叫电池片分选测试仪,其可对各种规格的电池片进行检测。其可测量的参数有I-V曲线、短路电流、开路电压、峰值功率、峰值电压、峰值电流、填充因子、转换效率、环境温度、电池片内阻等。

单片测试仪通常包括光源、测试夹持机构、箱体、电子电路、计算机等部分。光源通常采用脉冲氙灯。测试夹持机构包括测试平台和气动控制的弹性排针。电子电路包括高压脉冲供电电路、电子负载、信号放大器、A/D转换电路等。

以武汉三工单片测试仪为例做介绍。该设备采用大功率、长寿命的进口脉冲氙灯作为模拟器光源,进口超高精度四通道同步数据采集

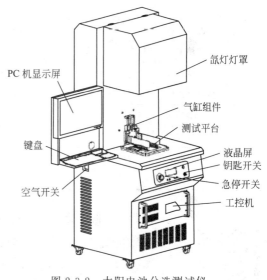

图 2-3-2　太阳电池分选测试仪

卡进行测试数据采集,并且专业的超线性电子负载可保证测试结果精确。太阳电池分选测试仪及相关部件参见图 2-3-2、图 2-3-3 和图 2-3-4。相关技术参数见表 2-3-3。

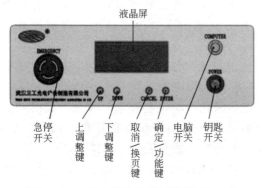

图 2-3-3　太阳电池分选测试仪控制台功能

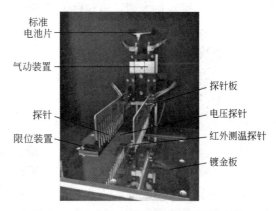

图 2-3-4　太阳电池分选测试仪工作台结构

表 2-3-3 武汉三工单片测试仪技术参数

参数	型号		
	SCT-A	SCT-B	SCT-AAA
光强范围	100mW/cm² (调节范围为 70~120mW/cm²)		
光谱	范围符合 IEC 60904-9 光谱辐照度分布要求 AM1.5		
辐照度均匀性	±3%	±2%	±2%
辐照度稳定性	±3%	±2%	±2%
测试重复精度	±1%	±5%	
闪光时长	0~100ms 连续可调,步进 1ms		
数据采集	I-U、P-U 曲线超过 8000 个数据采集点		
测试系统	Windows XP		
测试尺寸	200mm×200mm		
测试速度	3s/片		
测量温度范围	0~50℃(分辨率为 0.1℃),红外线测温,直接测量电池片温度		
有效测试范围	0.1~5W		
测量电压范围	0~0.8V(分辨率为 1mV),量程为 1/16384		
测量电流范围	200mA~20A(分辨率为 1mA),量程 1/16384		
测试参数	I_{SC}、U_{OC}、F_{max}、U_m、I_m、F_F、F_{FF}、T_{emp}、R_s、R_{sh}		
测试条件校正	自动校正		
工作时间	设备可持续工作 12h 以上		
电源	单相 220V/50Hz/2kW		

(四) 电池片分选测试仪的操作流程

单片测试仪的工作过程为:在电池片被夹持机构可靠夹持的同时,脉冲氙灯闪光一次,发出光谱和光强都接近太阳光的光线射向电池片,电池片产生的电流、电压等测试数据通过电子负载及信号放大器和 A/D 转换电路等被传送到计算机。计算机对这些数据进行采集、处理、储存,并将测试数据和伏安特性曲线显示出来,或通过打印机打印出来。

太阳电池分选机操作流程

以武汉三工设备为例,单片测试仪的操作流程如下:

图 2-3-5 太阳电池分选测试仪工控机

(1) 开机。打开设备侧面的空气开关;释放急停开关;打开钥匙开关,设备通电;启动计算机(图 2-3-5)。

(2) 点击桌面 "SCT.exe" 图标,进入测试软件(请确定已插入加密狗)。

(3) 点击绿色 "给电容充电" 按钮,此时 "当前充电电容状态" 会由红色变成绿色(图 2-3-6)。同时 "控制面板" 上的电压会上升到设定值。

此时控制面板的液晶屏工作状态指示由 "STOP" 变为 "WORK",设备电容充电,从设备前方的液晶屏可看到充电过程,如图 2-3-7 所示。

(4) 将待测电池片放在工作台面上并保证接触良好(探针要压在栅线上,如图 2-3-8 所示)。

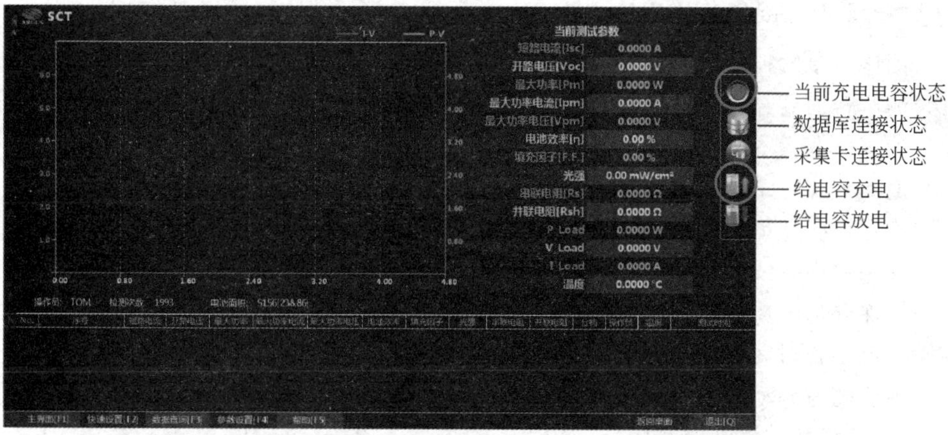

图 2-3-6　太阳电池测试仪测试软件控制充放电示意图

图 2-3-7　太阳电池测试仪工作时
液晶面板的显示图

图 2-3-8　探针与待测电池片的
栅线相接触

（5）踩脚踏即可测试，测试结束后可在屏幕上看到测试结果及曲线（图 2-3-9）。

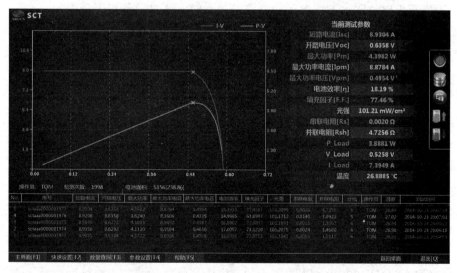

图 2-3-9　太阳电池测试仪的测试曲线

（6）读取测试数据后，对电池片分类放置。

（7）测试完毕后，确保控制面板上的电压下降到 10V 以内，然后关闭单片测试仪，退出程序关闭电脑，再关闭空气开关和总电源。

（五）电池片测试仪的使用注意事项

(1) 测试时接触探针必须完全接触在电池的两条主栅线上。
(2) 测试台面要经常擦拭，以保证电池片与台面接触良好。
(3) 测试作业人员必须戴手套。
(4) 电池片要轻拿轻放，避免破损。
(5) 确保设备在恒温（25±5）℃、湿度小于90％RH下进行操作。
(6) 确保室内光线恒定。
(7) 确保外部气压稳定在0.8MPa，内部气压稳定在0.4MPa。
(8) 在设备长时间不使用时，要将控制面板上的电压降为0V。
(9) 不能随意调动设定好的参数。
(10) 严禁设备空测，防止短路。
(11) 禁止将外界U盘、光盘等插入计算机，防止计算机中病毒。推荐安装防病毒软件，定期查杀。
(12) 在关闭设备电源之前，确保控制面板上的电压下降到10V以内，以免损坏设备电路。
(13) 设备每使用24小时至少要重新校准一次。
(14) 标准电池片上严禁覆盖他物，每天清洁标准电池片，保持标准电池片表面无异物。
(15) 控制面板上的电压在出厂时已经设定，非专业人员严禁调整。

（六）电池片测试仪的保养

(1) 严格按操作规程操作设备。
(2) 每天测试前，用软布清洁灯罩、金属台面、标准电池片及探针上的灰尘。
(3) 不能在无电池测试的情况下一直踩踏脚踏阀，这对设备损害较大。
(4) 定期用无水酒精清洁灯罩、金属台面及探针。
(5) 更换氙灯时，应戴上手套，避免指纹污染氙灯表面。

二、叠层铺设

叠层铺设工序就是将背面串接好且检验合格的太阳电池串，与面板玻璃和切割好的EVA胶膜、背板材料按照一定的层次铺设好，按照设计工艺的要求焊好汇流带和引出电极的过程。叠层铺设时要保证电池串与玻璃等材料的相对位置，调整好电池间的距离。

（一）叠层铺设台

叠层铺设台是光伏组件叠层工序的操作平台以及叠层后光伏组件基本电学性能的检查平台，如图2-3-10所示。叠层铺设台主要的结构和功能如下：
(1) 台面采用平板设置。
(2) 一键操作可完成在统一光照度下的光电流和电压检测，不合格则报警。这样能够及时在层压前发现各种质量隐患。
(3) 安放专用工具盒，用于放置焊台、剪刀、互连条、汇流条及其他工具。
(4) 台面采用钢化玻璃表面，与电池玻璃表面采用无划痕接触技术。
(5) 采用12盏300W碘钨灯及5盏30W荧光灯。电流表测量范围为0～100A，电压表测量范围为0～100V，精度为1％。

（二）裁切台

裁切台是一种可以根据工艺要求对 EVA 胶膜和 TPT 等背板膜进行裁切的设备，可分为手动、半自动和全自动三种类型。图 2-3-11 所示为手动裁切台。

图 2-3-10 叠层铺设台　　　　　　　图 2-3-11 手动裁切台

（三）叠层铺设工序

叠层铺设工序（图 2-3-12）的关键在于保证电池串平行放置，并且不能相互接触。好的铺设工艺不仅美观，还能保证层压工序顺利进行。

1. 叠层铺设前的检查

（1）在叠层铺设台放置清洗好的玻璃（绒面朝上），玻璃的四角和铺设台上的定位角对齐，并用干净的无尘布对玻璃进行清洁（图 2-3-13）。

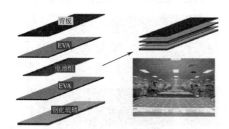  

图 2-3-12 叠层铺设工序　　　　图 2-3-13 叠层铺设前的面板玻璃的清洁

（2）在玻璃上平铺一块裁切好的 EVA 胶膜（EVA 光面朝向玻璃绒面，不得裸手拿取 EVA），并与玻璃对齐。EVA 长宽边缘比玻璃各大约 5mm。

（3）将焊接好的电池串依次缓缓平放在铺好的 EVA 胶膜上，打开铺设台工作灯，开始检查。

（4）检查电池片是否有裂片（若是存在裂片，开裂处会透光）；检查发现裂片后，做好返工标识，退回串焊返修。

（5）检查电池片是否有虚焊（依次提起电池片，若是虚焊，焊带会脱落）；检查发现有虚焊后，做好返工标识，退回串焊返修。

（6）检查电池片排列是否有偏移，偏移尺寸大于 0.5mm 时，将电池串退回串焊返修。

（7）检查电池片是否黏结有杂物（焊珠、焊带、毛发等）。不论杂物大小，只要肉眼能辨出，一律清除。

（8）检查电池串正负极引线是否太短、有无缺损或焊错，若有则将电池串退回串焊返修。

（9）检查电池片正负极（正面引出线为负极，反面引出线为正极）排列正确，无相同极性焊在一起。电池片排列方式为正负正负正负排列（图 2-3-14）。制作小功率组件时，还要检查各电池串中的电池片排列图案是否与设计图纸一致，如不一致将电池串退回串焊返修。

2. 叠层铺设的操作

（1）将电池片减反膜面朝下，按设计要求用钢直尺调整电池串前后左右的间距，并用高温胶带固定串与串之间的距离。

（2）用高温胶带将各汇流条固定，汇流条间距保持在 2～3mm。把汇流条和各电池串的串接焊带焊接起来。焊接汇流条时，左手用镊子夹住焊点边缘并轻轻提起，防止 EVA 熔化，影响层压质量（图 2-3-15），右手用电烙铁焊接焊点（单个焊点焊接时间控制在 1s）。锡熔化后先拿开烙铁，待冷却 1s 后拿开镊子，并检查是否焊接牢固。最后剪去多余的焊带。

图 2-3-14　电池片排列方式

图 2-3-15　叠层铺设过程中光伏组件头部和尾部汇流条的焊接和裁剪

（3）取长条形的 EVA 胶膜，将其卡入出头长短汇流条之间，边缘与电池片平齐。取 TPT 绝缘条将长引出线和短引出线隔开（视情况而定，如图 2-3-16 所示）。

图 2-3-16　用 EVA 胶膜和 TPT 绝缘条将长引出线和短引出线隔开

（4）在组件准备引出线的部位焊上正、负引出线汇流条；引线间距 45～50mm，长度 50～60mm。出线口与近端玻璃边缘的距离根据接线盒尺寸及铝合金边框高度而定。焊引出线之前垫上高温布，焊完后把所有多余的涂锡焊带修整干净。撕取四根长 20mm 的胶带固定两根长直汇流条（图 2-3-17）。

（5）在拼接好的电池组上放第二层 EVA 胶膜（光面朝上）。EVA 摆放时左右上下距边缘位置应均匀。

（6）按设计要求在 EVA 胶膜引出线的位置开一条小缝。

（7）在引出线的位置将组件正负极引线通过剪开的小缝引出在 EVA 上。

（8）在 EVA 上铺放 TPT 背板膜，白色无光泽面朝下，有光泽面朝上。TPT 背板膜摆放时左右上下距边缘位置应均匀。

（9）按设计要求在 TPT 背板膜上引出线的位置剪开一条小缝，并将组件正负极引线引出在 TPT 背板上（图 2-3-18）。

（10）用透明胶带压住正负极引线，再用透明胶带将 TPT 与玻璃固定，长边粘两条透明胶带，宽边粘一条透明胶带，以免 TPT 背板移位（图 2-3-19）。

图 2-3-17　用胶带固定汇流条

图 2-3-18　光伏组件正负极引线从 EVA 和 TPT 背板中引出

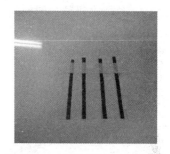
图 2-3-19　用胶带固定正负引线

（11）铺设好后，将铺设台的正负极测试引线和组件引出线的正负极连接。打开测试光源开关，检测组件电性能是否合格。通过电压、电流测试数据判断组件是否良好。

3. 叠层铺设的工艺要求

（1）EVA 胶膜裁切尺寸：长、宽应分别比玻璃尺寸多出 20mm。

（2）TPT 背板裁切尺寸：长、宽应分别比玻璃尺寸多出 10mm。

（3）EVA 胶膜裁切尺寸误差：±2mm。

（4）TPT 背板裁切尺寸误差：±1mm。

（5）叠层焊接温度：350～370 ℃。

（6）电池串与电池串之间的最小距离：2mm±0.5mm。

4. 叠层铺设后的外观检查

（1）检查光伏组件的极性是否接反。

（2）检查组件表面有无杂物、缺角、隐裂，组件串间距是否排列整齐，与玻璃边缘尺寸是否一致。

（3）检查组件 EVA 和 TPT 是否完全盖住玻璃，并超出玻璃边缘 5mm 以上。

（4）检查 TPT 面应无褶皱，无划伤，表面清洁、干净。

(四) 注意事项

（1）由于电烙铁在使用过程中处于高温状态，因此注意不要伤及自己和他人，不用时应将其放在烙铁架上，不能随意乱放，以免引起火灾，烫坏物品。电烙铁长时间不用时要断电。

（2）工作台一定要清洁干净，以免有杂物掉进组件内。

（3）汇流条的焊接方法要正确，以免影响组件的功率及汇流条的平整度和外观。

（4）同一组件内电池片应无色差。

（5）组件的正负极引出线的位置要正确，符合设计要求。

(6) 在贴胶带的过程中要戴指套操作,其余过程中应戴手套操作。
(7) 搬移组件进行检验时,要注意轻拿轻放。
(8) 不同厂家的 EVA 不能混用。

三、层压

光伏组件的层压工序就是将叠层铺设好的光伏组件放入层压机内,通过抽真空将组件内的空气抽出,然后加热使 EVA 熔化,并加压使熔化的 EVA 流动,充满玻璃、太阳电池片和背板之间的间隙,同时通过挤压排出中间的气泡,将太阳电池片、面板玻璃和背板膜紧密黏合在一起,最后降温固化的工艺过程。

(一) 层压设备

层压机是光伏组件层压封装工艺的关键设备,包括层压机、空气压缩机、机械泵等。该设备的性能直接关系到光伏组件的质量。常见的层压机分为手动层压机和自动层压机两种,这里主要介绍手动层压机,以 TDCT-Z-1 型层压机(图 2-3-20)为例,该设备的主要参数如表 2-3-4 所示。

图 2-3-20　TDCT-Z-1 型层压机

表 2-3-4　TDCT-Z-1 型层压机的主要参数

主要参数类型	主要参数数值
外形尺寸	750mm×830mm×1160mm
层压面积	500mm×500mm
设备质量	300kg
层压高度	25mm
开盖高度	350mm
需要的压缩空气压力	0.6~1.0MPa
需要的压缩空气流量	25L/min
设备总功率	6.5kW
运行能耗	6kW
加热方式	电加热
温控方式	温控器控制
工作区温度均匀性	±3℃
温控精度	±1℃
温控范围	30~160℃
抽气速率	8L/s
层压时间	2~10min
抽空时间	5~6min
作业真空度	20~200Pa
使用环境	环境温度为 10~50℃;相对湿度小于 90%

续表

主要参数类型	主要参数数值
车间电源需求	AC 380V 三相五线
层压机工作气压需求	0.6～1.0MPa
真空系统	① 主真空管路及气路采用日本 SMC 产品； ② 真空泵采用四川南光产品； ③ 管路连接密封良好，充分保证设备的真空度
温度控制模式	加热板多点测温
工作性能	可连续 24h 高温作业，适应普通工业环境和实验室环境

（二）层压设备的结构与工作原理

层压机主体是通过抽真空、加热、加压完成层压过程的。层压机的腔体结构如图 2-3-21 所示。腔体下室为发热板，放置叠层好的组件材料；上室为气囊，通过气囊充气实现对样品的加压。

层压机工作原理

层压机工作过程中工作腔内的工作状态变化（图 2-3-22）如下：

（1）开启抽真空程序：通过下室抽真空、上室抽真空，上下室达到真空状态；

（2）开启加压程序：下室保持真空状态，上室气囊充气；

（3）层压过程：保持下室真空状态，上室停止充气，开始层压过程；

（4）开盖过程：下室充气，上室抽气到真空状态，可以打开层压机机盖。

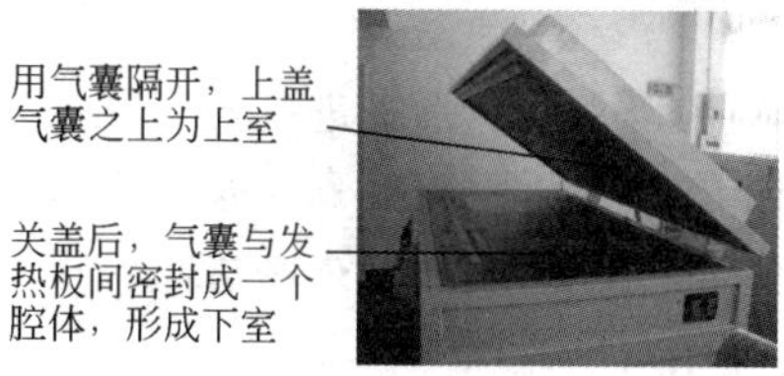

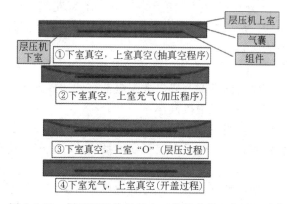

图 2-3-21　层压机的腔体结构

图 2-3-22　层压机工作过程中工作腔内的工作过程示意

（三）层压设备操作步骤

（1）按下设备电源总开关。

（2）检查真空泵系统中的冷却循环水是否足够。

（3）打开空气压缩机的空气开关，打开气阀，接通空气压缩机设备的电源开关，空压机启动完成。

（4）层压机主体通电

① 层压机主体通电，按下电源按钮，绿灯开始闪烁，表明设备通电。

② 选择触摸屏工作方式界面，点选"参数设置"进入温度参数设置界面，设置好参数，然后返回触摸屏工作方式界面。

③ 打开加热开关，设备开始加热。设定工艺温度为 120℃，从室温升到预定的 120℃，

此过程大约需要 20min。

④ 温度到达设定值后，打开真空泵的开关，此时观察真空泵的运行状态，观察冷却水的循环是否正常，机器运转是否正常。

⑤ 点选"手动工作"按钮，进入手动工作界面。

⑥ 点"启动"，切换到"手动状态"。

⑦ 点选"上室真空"，上室真空开，点选"下室充气"，下室充气开，下室压力大于上室约 100Pa，点选"操作按钮"，选择"开盖阀门"，此时层压机开盖。

⑧ 戴好耐高温手套，将第一层高温布放在层压机的底面中间。

⑨ 将已经叠层好的待压组件有秩序地放入层压机的第一层高温布上面，组件处于中间位置。

⑩ 在组件上盖好另一层高温布。

⑪ 按下合盖按钮，直到合盖到位。

(5) 开始手动层压作业过程

① 分别点动"上室真空"和"下室真空"，按钮指示灯亮表示上下室开始同时抽真空。此时抽真空计时器开始工作计时（约 3～5min）。

② 点动"上室充气"按钮，指示灯亮，处于上室充气状态，并将"上室真空"按钮弹回，"下室真空"按钮保持，进入层压状态。此时层压计时器和调压计时器同时开始工作，调压计时器到达手动调压计时器定时参数后，断掉上室充气电磁阀，然后保持当前压力进行层压过程，观察层压计时器显示值到达层压工艺所需要的时间（约 8min）。

③ 分别点动"上室真空"和"下室充气"按钮，并将"上室充气"和"下室真空"按钮弹回。按钮指示灯亮表示上室开始抽空，下室开始充气。下室真空回到大气状态后，下室真空表回到原位。

④ 点动"开盖阀门"按钮，按钮指示灯亮表示处于开盖工作状态，开盖到位后，取出组件。两名同学配合取出太阳电池组件，放置冷却，工作完毕。

(6) 层压机关机操作

注意：当工作全部完成或特殊情况需要断电关机时，务必令上、下室进入充气状态，才可关掉真空泵，然后再反复切换抽真空、充气，避免因管内有负压而造成真空泵油倒吸。

① 点选进入"上室充气开""下室充气开"。使上室、下室的气压与外界相同，以避免真空泵里面的油倒吸。此过程完毕才可关闭真空泵。

② 然后反复点选"上室真空""下室真空""上室充气""下室充气"，需要 5～6 个循环。每个循环时长 5～6s。（气压与外界持平。）

③ 上个操作结束后，方可关闭加热开关。

④ 再关闭层压机电源开关。

⑤ 关闭空气压缩机主体的电源开关，关闭空气压缩机的气阀，并关闭空气压缩机的空冷开关。

(四) 主要层压工艺参数

层压的主要目的是对叠层铺设后的光伏组件进行封装，层压过程中工艺参数的设置对层压后光伏组件的质量有很大的影响。主要组件层压工艺参数包括层压温度、固化温度、升温速率、抽真空时间、充气时间和层压时间。

(1) 层压温度：取决于所使用的 EVA 的特性（熔化温度、固化速度）、组件生产时的实际温度，最后通过层压实验，测试其胶凝度和拉力值，综合这些方面确定层压温度。

（2）固化温度：EVA 固化的温度。

（3）升温速率：升温速率过慢，EVA 加热固化时间太长。由于交联剂受热分解，因此 EVA 不能固化。升温速率过快，容易产生气泡。

（4）抽真空时间：一是排出封装材料间隙的空气和层压过程中产生的气体，消除组件内的气泡；二是在层压机内部造成一个压力差，产生层压程序中所需要的压力。EVA 完全熔化时的温度是 80℃，所以必须等到 EVA 完全熔化，达到最佳的熔融态后，气囊才能下压，这是最有利于排出组件内气体的，可以减少气泡的产生。根据测试温度的数据分析，在抽真空 5min 左右时组件上的温度即可达到 80℃（因设备及工作状态而异），而这时 EVA 的流动性较大，气囊在这时下压，容易造成组件的移位，为避免产生移位，可将抽真空时间延长至 6min。

（5）充气时间：对应于层压时施加在组件上的压力，充气时间越长，压力越大。因为 EVA 交联后形成的这种高分子结构一般比较疏松，压力的存在可以使 EVA 胶膜固化后更加致密，具有更好的力学性能，同时也可以增强 EVA 与其他材料的黏合力。

（6）层压时间：施加在组件上的压力的保持时间。气囊开始下压的过程是将组件内部残存的气体排出的过程，并对组件施加一定的压力，使 EVA 胶膜固化后分子结构更加致密，具有更好的力学性能，增强 EVA 与其他材料的黏合力。根据拉力测试和胶凝度的测试结果，将加压和层压时间设定为 9min 即可使胶凝度达到 65%～95%。

（五）层压工艺

1. 层压前的检查

（1）组件正负极引出线用胶带贴在背板上，使其平整不弯折，长度不能过短。

（2）背板膜没有明显褶皱、划伤，能完全覆盖玻璃。

（3）组件内无异物，如锡渣、碎片、头发等。

（4）用组件镜面观察架检查太阳能电池片、玻璃边缘、汇流条之间的距离是否符合工艺要求。

太阳电池组件层压机操作流程

2. 组件层压工艺参数

根据组件产品的规格、EVA 胶膜的交联度及组件质量要求等确定工艺参数。依设备和封装材料性能，微调层压温度、抽真空时间、层压工作压力、层压时间等工艺参数（表 2-3-5）。

表 2-3-5　层压工艺调整范围参考

参数名称	参考范围
层压温度	136～145℃
抽真空时间	5～7min
层压工作压力	0.02～0.03MPa
层压时间	13～17min
抽真空速率	60s 后真空度达到 20～200Pa
EVA 的交联度	≥80%
压缩空气压力	≥0.8MPa
层压机设定温度校准	使用经过计量监测机构定期校准的点温计在达到设定温度后进行校准。温度偏差不超过设定温度±5℃即为合格

3. 组件层压后的外观检查

（1）检查组件内的电池片是否有破裂（裂纹、碎片等）。
（2）检查组件是否有气泡，背板是否平整。
（3）检查组件内是否有异物。
（4）检查组件内的电池片、玻璃、汇流条之间的位置是否发生偏移。
（5）检查组件内电池片是否有色差，涂锡焊带是否发黄。

4. 组件层压操作注意事项

（1）对于层压参数要根据EVA性能要求进行调整，不可随意更改。
（2）层压机内放入组件后要迅速层压，层压完成开盖后要迅速取出组件。
（3）随时用刮板清理高温布及上室气囊、下室加热板上残留的EVA或其他杂质。
（4）经常检查冷却水、行程开关和真空泵的运行情况，定期检查加热温度，保养层压机。
（5）每天第一次开机或更改层压参数后，都必须让层压机空运转一次，以保证机器正常运行。
（6）开盖前必须检查下室充气是否完成，否则不允许开盖，以免损坏设备。

5. 组件层压返修

光伏组件层压后，由于工艺等问题，部分组件需要返修优化。此处以某公司光伏组件层压返修作业指导书（表2-3-6）为例进行介绍，仅供参考。

表2-3-6　典型公司光伏组件层压返修作业指导书

项目	具体内容
人员要求	（1）生产员工在正式生产作业前须熟悉本工序的整个作业流程。 （2）生产员工在作业前要严格穿戴好工作服、工作帽、高温手套。穿戴不规范，不允许作业，更不得用手直接接触电池片。 （3）生产员工在作业时应集中精神，小心操作。不得嬉戏、打闹、闲聊，不得做与工作无关的事情。 （4）按要求填好返修单，并填好返修用料和返修原因
生产环境要求	（1）生产环境温度要求为23℃±1℃，相对湿度不大于75%。 （2）应保持修复台干净整洁，上面无灰尘、残余EVA及其他杂物。 （3）修复区域卫生要打扫干净。 （4）准备好工作用的钢尺、高温胶带、无尘布、酒精喷壶、焊台、剪刀、美工刀、助焊笔、美工胶、保鲜膜、镊子、老虎钳、尖嘴钳、铲刀、记号笔、橡皮、气枪。焊台温度（350℃±5℃）正常
操作程序	（1）外观检验，EL测试后，确定要返修的电池片的位置，并做好记录。 （2）打开修复台电源，设置好温度（130~135℃），进行预热升温。 （3）待温度升到设定好的温度后。在修复台下面放置好一块高温布，其边角呈圆角，再在高温布上面放置一块待返修组件。有钢化玻璃的一面朝下，组件上面再盖一块高温布，其边角呈直角。待返修组件应放到叠层测试电压的工作台上，打开电源开关，拿美工刀沿组件透光处匀速划动，将背板裁成条状。盖上返修上盖，加热10min后，取下上盖与组件上方的盖布。 （4）用老虎钳夹住组件背板一角匀速向前拖动，直到背板完全脱落。重复上述步骤，直到剩余背板都完全脱落。注意：在电池片边角处应放慢速度，防止电池片由于拖动背板用力过猛而损坏。 （5）关闭修复台电源，用刀片沿电池片裂片边缘匀速滑动，将损坏的电池片及粘在上面的EVA划出，再用铲刀沿电池片边角将损坏的电池片铲掉。注意将相连的涂锡带完整留下，再用橡皮、无尘布将钢化玻璃上多余的EVA清理干净，将EVA上的脏物清理干净，将有空胶、余胶的地方清理平整。将弯曲的汇流条换下并检查其是否贴有条形码。

续表

项目	具体内容
操作程序	（6）在损坏的电池片区域内，按区域大小裁剪好两块 EVA，底下放置好一块 EVA。然后将焊接涂锡带用的高温布铺在上面，取好电池片，检查无误后，将其放置在高温布上。先用烙铁将待返修电池片的需焊接部分的涂锡带上的 EVA 清理掉，然后在涂锡带上涂上助焊剂，按串焊工艺开始焊接。重复以上步骤，将其余电池片也修补好（EVA、电池片、背板、涂锡带、美工胶、高温胶带与组件原材料的型号尺寸规格相同）。 （7）在电池片上盖上裁剪好的另一块 EVA，将其余空胶部分补充上裁剪适当的 EVA。在贴有高温胶带的地方也补充好 EVA，再盖上一整块 EVA，然后盖上背板，用美工胶固定好。 （8）检验外观，EL 测试后若需要更换电池片，则重复上述步骤修补好。然后将其放入层压机中层压。层压后若外观检验无误，即进行下一块返修板的层压（层压参数参考：台面温度为 135℃，抽真空时间为 420s，层压时间为 660s，加压压力为 0.01~0.02MPa）。
注意事项	（1）组件返修拔背板后，若当天未返修完，应用保鲜膜覆盖待返修组件，以防止灰尘和脏物粘在组件上。 （2）在清除待返修组件的 EVA 时，将边角清理成圆角。 （3）在返修组件中，防止钢化玻璃边角碰撞到硬物而导致组件报废。 （4）在组件需要 EL 测试和外观检验时，应用周转车周转

（六）层压生产工序中的品质控制

（1）统计焊接生产工序中出现的缺陷种类。层压生产工序中常见的问题包括气泡，碎片，电池片上有碎角、缺口，电池片有隐裂，组件中电池片上有异物（非毛发和垃圾），组件中有毛发和垃圾，汇流条变形，组件背面出现凸点（凹凸不平），电池片出现移位，超出工艺要求范围等。

① 气泡。层压参数设置不当、封装材料被污染等原因都会造成层压后光伏组件气泡的出现，其情形（表 2-3-7）包括：电池片及间隙之间的满板气泡、组件中间的部分气泡、涂锡焊带上的气泡、互连带上的气泡和绝缘位置的气泡等。

表 2-3-7 气泡产生的不同情况分析

情形	典型图片	产生原因
情形 1：电池片及间隙之间的满板气泡		层压机未抽真空，层压机的操作方法不当，未关盖到位或真空泵未打开或层压机本身有故障
情形 2：组件中间的部分气泡		此气泡为抽真空较晚造成的

续表

情形	典型图片	产生原因
情形3：涂锡焊带上的气泡		EVA的湿度太大是主要原因
情形4：互连带上的气泡	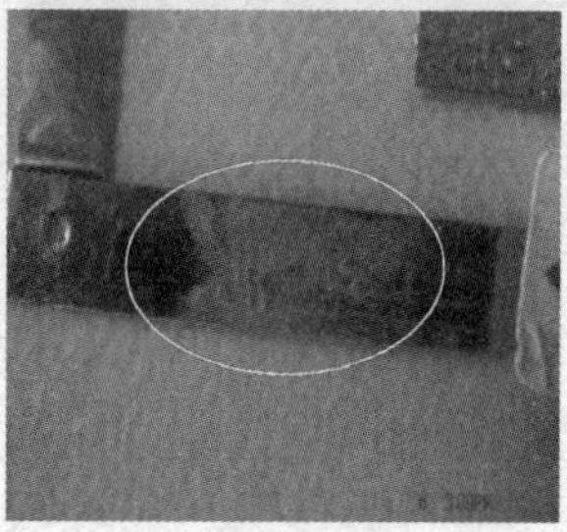	互连涂锡焊带上的气泡与焊接"L"形涂锡焊带时助焊剂的用量及模具的清洁有关

②移位。光伏组件在层压过程中产生的移位缺陷包括组件所有电池串整体移位、不同串-串间间隙移位以及同串-片间间隙移位等情形（表2-3-8）。

表2-3-8 移位的不同情况分析

情形	典型图片	产生原因
情形1：组件所有电池串整体移位，导致电池片到玻璃边缘的距离小于10mm		排板时的尺寸没有完全按要求做，或在周转过程中造成偏移。层压不会造成整体的偏移
情形2：不同串-串间间隙移位，导致不同电池串间间隙小于1mm	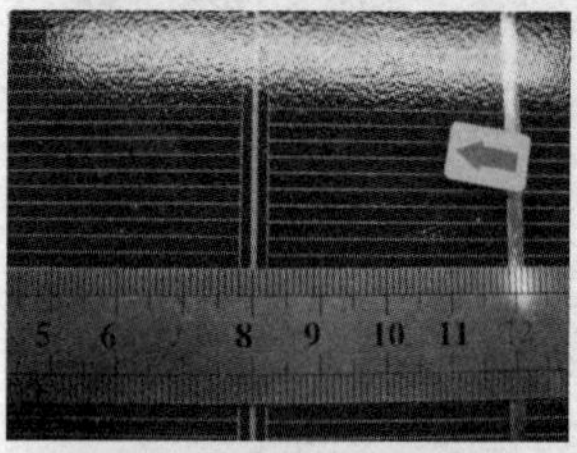	未贴固定胶纸；EVA在熔化时流动性大，收缩率太大，气囊下压时间过早，真空泵抽气速度过快
情形3：同串-片间间隙移位，导致同一电池串内，电池片间间隙小于1mm	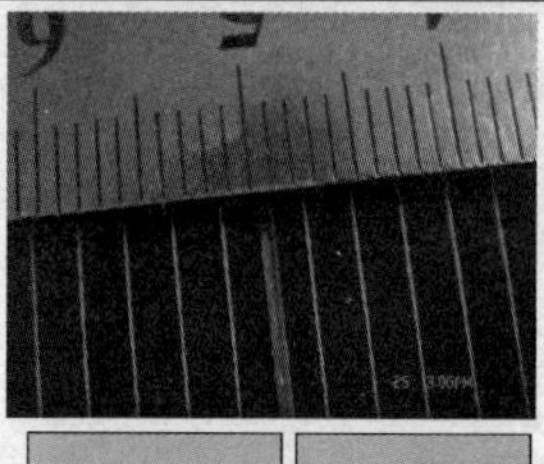 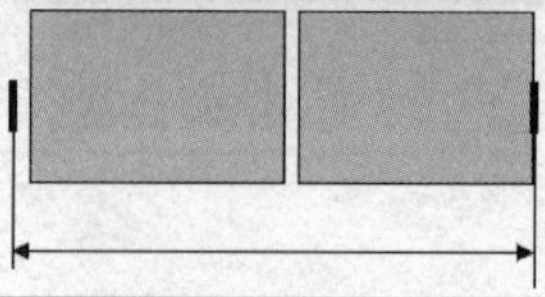	串带时的间隙过小，这可能是串带模板损坏或操作时电池片没有完全顶住两边的柱子造成的；来料电池片尺寸偏大会也导致片间间隙过小

③ 碎片。层压过程中出现碎片的情况（表 2-3-9）包括组件边缘处碎片、组件引出线处碎片以及其他位置的碎片。

表 2-3-9 碎片的不同情况分析

情形	典型图片	产生原因
情形 1：组件边缘处碎片		靠近组件边缘的碎片大部分是前面工序在生产中造成的暗裂或是来料引起的暗裂纹；组件边角处的碎片大部分是层压组人为操作造成的
情形 2：组件引出线处碎片		产生引出线处碎片的最主要的原因是气囊充气下压时间过短，对组件引出线的冲击力太大，造成碎片；引出线与电池片上的引出线距离太近，气囊下压时对电池片的压力过大，造成碎片
情形 3：其他位置的碎片		组件中间处电池片的碎片一般为层压前的碎片，人为操作造成的暗裂纹和周转过程造成碎片的可能性最大

（2）采用品质管理工具中的 Pareto 图、鱼骨图等分析方式，对统计出的各种缺陷数量做相应的分析表，如表 2-3-10 所示。

表 2-3-10 某公司层压生产工序中的质量问题统计

缺陷总数	缺陷种类	数量	百分比/%	累计百分比/%
14	电池片碎角	8	57.14	57.14
	电池片碎片	3	21.43	78.57
	电池片缺口	1	7.14	85.71
	电池片隐裂	1	7.14	92.86
	电池片上有异物	1	7.14	100.00
	其他	0	0.00	100.00

（3）从表中分析并列出各缺陷出现的原因。

（4）通过对各种原因的分析，针对一个原因找到合理科学的解决办法。可以从产品生产过程的五要素，即人、机、料、法、环五个方面进行分析，这里给出一个例子供参考（图2-3-23）。

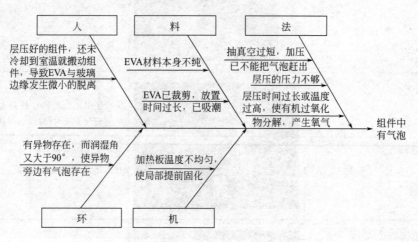

图 2-3-23 光伏组件层压过程中气泡产生原因的鱼骨图

（5）制订合理科学的措施并有力地执行。
① 控制好每天所用的 EVA 的数量，要让每个员工了解每天的生产任务。
② 做到当天裁，当天用完。
③ 材料是由厂家决定的，所以尽量选择较好且质量稳定的材料。
④ 调整层压工艺参数，使抽真空时间合适。
⑤ 增大层压压力。可通过层压时间来调整，也可以通过再垫一层高温布来实现。
⑥ 垫高温布，使组件受热均匀（最大温差小于 4℃）。
⑦ 根据厂家所提供的参数，确定总的层压时间，避免时间过长。
⑧ 应注重 6S 管理，尤其是在叠层这道工序，尽量避免异物掉入。
⑨ 员工应该严格按工艺文件中对各个手势及各个动作的规定进行操作，不到时间坚决不碰组件。

（七）层压设备常见故障及解决办法

在检查、维修和维护光伏组件层压机之前，务必将电源切断。常用的层压机设备的故障原因以及解决方法如表 2-3-11 所示。

表 2-3-11　层压机常见故障分析

序号	故障现象	可能原因	排除方法
1	上盖合盖后,上下室不能抽真空	真空泵不运转	使真空泵正常运转
		真空泵运转方向与泵体箭头标志方向不一致	调换接线相序,使真空泵的运转方向与箭头一致
		压缩空气压力不正常	调整压缩空气压力
		上、下室手动充气阀关阀不严	关闭上、下室手动充气阀
		限位开关工作不正常	调整或更换限位开关
2	合盖后下室能抽真空,而上室不能抽真空	上室管道漏气	找到漏气处并修复
		上室真空电磁阀不能启动	使压缩空气的压力达到要求或者更换电磁阀
3	打开上盖后,上室不能抽真空	上室管道漏气	找到漏气处并修复
		上室真空电磁阀不能启动	使压缩空气的压力达到要求或者更换电磁阀
		胶皮破损	更换胶皮
		压条框螺栓没有拧紧	重新拧紧螺栓
4	合盖后上室能抽真空,而下室不能抽真空	限位开关工作不正常	调整或更换限位开关
		下室手动充气阀关闭不严	关严手动充气阀
		下室真空阀工作不正常	调整压缩空气的压力或更换真空阀
		下室充气电磁阀松动漏气	重新拧紧或更换下室充气电磁阀
5	上室不能充气	上室充气电磁阀不能启动	检查线路或更换上室充气电磁阀
		上室真空阀启运不正常或关闭不严	修复或更换阀
6	上室能充气,而上室真空表指针不能回到零位	真空表损坏	更换真空表
		连接真空表的塑料管有死弯	理顺使之变直
		上室真空阀关闭不严	关严或者更换
7	下室不能充气	下室充气电磁阀损坏,不能启动	更换电磁阀
		下室充气/下室真空开关损坏	更换开关
8	下室能充气,但下室真空表指针不能回到零位	下室真空阀关闭不严	调整下室真空阀
9	在上下室处于真空状态下,上室充气的同时而下室的压力随之同步减小	胶皮破损	更换胶皮
10	在上下室处于真空状态下,下室充气的同时而上室的压力随之同步减小	下室真空阀关闭不严	调整下室真空阀
11	上盖不能打开	空气压缩机的压缩空气压力不正常	调整压缩空气的压力
		气缸的连接管路漏气	检查管路,排除故障
		开盖电磁阀损坏	更换电磁阀

续表

序号	故障现象	可能原因	排除方法
12	真空度不高	上盖硅胶密封圈接头裂开；密封圈严重磨损、老化或撕裂	重新接好接头；更换密封圈
		真空泵油中杂质过多	更换真空泵油
		下室真空阀漏气	更换或修复下室真空阀
		真空泵弯头的固定螺栓松动	拧紧螺栓
		真空泵的皮带过松	调整皮带的松紧度
13	上盖不能关闭	压缩空气的问题	检查压缩空气
		开关盖电磁阀损坏	修复或更换开关盖电磁阀
14	在自动运行状态下出现混乱	PLC的连接线路松动	拧紧PLC上的固定螺栓
15	层压时真空度降低	胶皮破损	更换胶皮
		上室真空阀关闭不严	修复或更换上室真空阀
16	下室真空时真空度偏低	密封条接头裂开	修复或更换密封条接头
		上室充气、下室充气电磁阀接头松动	卸下后加704胶拧紧
		真空泵油过少	添加真空泵油
		真空泵的皮带松动	调整皮带松紧
		真空泵与弯头固定螺栓松动	拧紧螺栓
		下室真空阀的密封圈需要更换	更换密封圈
		真空计金属规管或真空计表头损坏	更换真空计
		真空泵与层压机的连接管道没有插紧	重新插紧连接管道
17	在自动或手动状态下，电磁阀与控制器的运行状态不稳定	线路的固线螺栓松动	检查并拧紧
		电磁阀受损	更换电磁阀
		电源电压不正常	检查电源电压
18	工作温度达不到给定值	电热管断路	更换电热管
		380V交流电源输入缺相	重新接电源
		温度控制仪损坏	更换温度控制仪
19	温度控制仪不显示温度	温度传感器（热电偶）开路损坏	更换相应温度传感器
		温度控制仪损坏	更换温度控制仪

四、修边工艺

修边工艺是将层压时EVA熔化后由于压力而向外延伸固化形成的毛边切除的过程。修边操作应在层压后光伏组件的温度降低后进行，否则容易使背板脱落。主要注意事项如下：

（1）在进行修边操作之前，应将修边台和刀片擦拭干净，要及时更换钝的刀片。

（2）修边时，将层压好的电池板背面向上平放在切边台上，并使电池板边缘超出切边台50～60mm。操作员戴好手套，左手按住电池板背面，并与电池板边缘保持70～90mm的距离，右手拿刀具，刀口要高于电池板并与电池板边缘成45°角。

（3）刀片要与玻璃表面垂直，以防止划伤组件背板。

（4）从玻璃边缘的多余 EVA 和背板上先划开一道切口，然后沿玻璃边匀速向前推动，削掉玻璃边缘的 EVA 胶膜和背板。

（5）层压后的胶带也要剥离（图 2-3-24）。

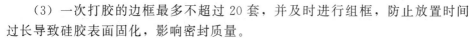

图 2-3-24 剥胶带演示

五、装边框工艺

装边框是将层压好的光伏组件装上铝合金边框以增强组件的机械强度、密封性和可安装性，以便组件的安装和使用。

（一）装边框的工艺要求

（1）铝合金边框及接线盒底部与组件的交接处的硅胶应均匀溢出，无可视缝隙。

（2）涂槽内的打胶量要占涂槽总容积的 50%，最多不超过涂槽的 2/3。

（3）一次打胶的边框最多不超过 20 套，并及时进行组框，防止放置时间过长导致硅胶表面固化，影响密封质量。

打胶

（4）装边框后，组件两个对角线的长度相差应小于 4mm，边框四角缝隙应不大于 0.3mm，正面相邻边框角的高应不大于 0.5mm。

（5）边框安装应平整、挺直、无划伤。装边框的过程中不得损坏铝边框的表面钝化膜。

（6）铝边框与硅胶结合处必须用硅胶填注密封，无可视缝隙。

（二）装边框的操作步骤

（1）按规格准备铝合金边框，在铝合金边框涂槽内打密封硅胶。图 2-3-25 所示为装边框打胶用的手动胶枪。

（2）打完硅胶后，用角码将四根铝合金（长边两根，短边两根）边框组合连接起来。组合时应注意使组件玻璃进入边框槽内。

（3）将组件背面朝下放到组框机上，并再次确认组件玻璃已被放入铝合金边框槽内，开启启动装置把铝合金边框压紧并撞角。

（4）在组件背板与铝合金交接处边缘四周补上适量密封硅胶。

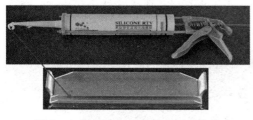

图 2-3-25 装边框打胶用的手动胶枪

（5）将光伏组件放在架上，在室温下固化 8h 以上。

（三）认识组框机

此处以秦皇岛利阳光电 ZK-4 组框机（图 2-3-26）为例介绍组框设备的情况。该设备的设备参数如表 2-3-12 所示。

图 2-3-26 秦皇岛利阳光电 ZK-4 组框机外形

表 2-3-12 秦皇岛利阳光电 ZK-4 组框机设备参数

参数	参数范围
最大组框外形尺寸	2000mm×1000mm×(18～35)mm
组框精度	对边尺寸之差为±1mm
最小组框外形尺寸	220mm×220mm×(18～35)mm
对角线尺寸之差	1.5mm
组框动力	气动、液压动力四角角度偏差为±0.5°
组框气缸规格	50×25,4 只；80×20,3 只
工作气压	0.4～0.7MPa
液压压力	1.0～15.0MPa
刹紧气缸规格	50×15,2 只
操作方式	人工
最大外形尺寸	2400mm×1500mm×950mm
质量	1200kg
备件	硅胶导线、组件用肖特基二极管等

(四) 组框机操作规程

(1) 点动"联动退"按键，确认各压头全部退回；
(2) 放置组件；
(3) 点动"长边进"，直至到达气缸死点位置；
(4) 点动"短边进"，直至到达气缸死点位置；
(5) 点动"组角进"，直至到达气缸死点位置；
(6) 启动"组框锁"按钮，此时短边压头、长边压头、组角压头均处于"压进"至死点状态（图 2-3-27）；

图 2-3-27 组件固定装置

(7) 点动"压平"按钮，压平机构将组件不同高度的叠层进行压平，松开按钮，则压平退；
(8) 按下"启动"按钮，油泵电机开启；
(9) 按"刀进"（角码连接件结构），直至压力表指示设定的最大值即可（不能长时间处于最大值状态）；
(10) 按"刀退"（角码连接件结构），直至四个压刀全部退回，此时报警器发出的蜂鸣声停止；
(11) 点动"联动退"按钮，确认各压头全部退回，也可单独操作"长边退""短边退"

"组角退"来实现；

(12) 取出电池组件；

(13) 逆序关闭设备。

(五) 组框机安全规范

1. 安全注意事项

(1) 开动机器后必须检查有无异音及异常情况，若有异常应及时报修。

(2) 检查机器零附件是否拧紧，防止加工中脱落。

(3) 调整机器时必须要关闭气路开关。

(4) 加工中必须专心操作，不可马虎行事，遵守机器操作规程。

(5) 框扇摆放不易过高，防止倒塌伤人伤物。

2. 操作后对机器的日常保养

(1) 每班次加工前需清扫工作台面，检查加油处是否加油，开动机器空转查看机器有无异常、杂音，如有异常及时报修。

(2) 加工后要将机器清扫干净，清除机器台面遗留的胶剂，对机器及时加油，检查机器有无漏油及检查刀具有无损伤或残缺。

六、安装接线盒工艺

接线盒是光伏组件成品的重要部件，主要作用是连接并保护光伏组件，同时将光伏组件模块产生的电流传导出来供用户使用。由于光伏组件使用场合的特殊性，因此光伏接线盒必须经过特殊设计才能满足光伏组件的使用要求。

安装接线盒工艺就是将光伏组件引出的汇流条正负极的引线用焊锡与接线盒中相应的引线柱焊接或插接。选用接线盒需要了解接线盒的主要参数：规格尺寸，适用功率，内部构造（结合组件引出线数量、是否接旁路二极管等）。

(一) 接线盒基础

接线盒是光伏组件内部输出线路与外部线路（负载）连接的部件，如图 2-3-28 和图 2-3-29 所示。

图 2-3-28 常见的光伏组件用接线盒

图 2-3-29 光伏接线盒在光伏发电系统中的作用示意

接线盒应和接线系统组成一个封闭的空间，接线盒为导线及其连接提供抗环境影响的保护，为带电部件提供可接触性的保护，为与之相连的接线系统减缓拉力。

1. 接线盒的构成

光伏接线盒通常由盒体、线缆及连接器三部分构成，其中盒体包括盒底（含铜接线柱或塑料接线柱）、盒盖、连接器、接线端子、二极管等。一些厂家设计了散热片以加强盒内温度散发。也有一些厂家做了其他方面细节的设计，但总的结构没有发生改变。

线缆分为 1.5mm²、2.5mm²、4mm² 及 6mm² 等；连接器分为 MC3 与 MC4 两种；二极管的型号有 10A10、10SQ050、12SQ045、PV1545、PV1645、SR20200 等；二极管封装有 R-6、SR263 两种。

(1) 盒体　盒体是接线盒的主体部分，内置接线端子和二极管，外接连接器和盒盖，其也是接线盒的框架部分，承受大部分的耐候要求。盒体材料一般为聚苯醚（PPO）。

(2) 盒盖　盒盖起到密封盒体、防水、防尘、防污染的作用。密封性主要体现在内置橡胶密封圈可以阻止空气及水分等进入接线盒内部。有的厂家在盒盖中心部位设置小孔，孔中装有透析膜，该膜透气不透水，水下三米无水渗入，可起到很好的散热和密封作用。

(3) 连接器　连接器连接接线端子和外部用电设备（如逆变器、控制器等）。连接器采用聚碳酸酯（PC）材质，但 PC 容易被多种物质腐蚀。接线盒老化主要体现在连接器易被腐蚀，塑料螺母低温冲击容易出现破裂。因此，接线盒的使用寿命体现为连接器的寿命。

图 2-3-30　光伏组件线缆连接器

线缆连接器安装在接线盒引出线端口。线缆连接器分为公母端。图 2-3-30 为典型的光伏组件线缆连接器。该连接器采用内鼓形簧片接插，公母头插拔带有自锁装置，使电气接触与连接更可靠。表 2-3-13 给出了典型连接器的主要技术规格参数。

表 2-3-13　典型连接器的主要技术规格参数

参数	参考值	参数	参考值
最大耐压	1000V	安全等级	Class Ⅱ
最大工作电流	16A	防水等级	IP65
使用温度	−40～+90℃	连接线规格	4mm²

(4) 接线端子　接线端子连接组件引出线与连接器，数量有 2、3、4、5、6 等多种规格。端子本身宽度根据引出线的不同有 2.5mm、4mm 和 6mm 三种。不同厂家的接线盒，其端子间距也不同。接线端子与引出线的接触方式有两种，一种为压紧或夹紧型等物理接触式，另一种为焊接式。

(5) 二极管　光伏接线盒内的二极管作为旁路二极管使用，起到防止热斑效应，包含组件的作用。在组件正常工作时，旁路二极管处于截止状态，这时存在反向电流，即暗电流，其一般小于 $0.2\mu A$。暗电流会减小组件产生的电流，但幅度很小。

从理想状态来说，每个太阳电池都应当连上一个旁路二极管，但因为旁路二极管价格成本的影响和暗电流的损耗，以及工作状态下压降的存在，这样很不经济。此外，光伏组件的各个电池片的位置比较集中，接上相应的二极管后，还得为这些二极管提供充分的散热条件。因此，在实际应用时一般比较合理的方式是使用一个旁路二极管为多个相互连接的电池组提供保护。

2. 接线盒的分类

太阳能光伏组件用接线盒分为晶体硅接线盒、非晶硅接线盒、幕墙接线盒和防爆接线盒四种类型。根据密封方式也可以分为普通接线盒和灌封接线盒。

普通接线盒采用硅胶密封圈密封。普通接线盒应用较早，操作简单，但是密封圈使用年限较长的话易老化。图 2-3-31 示出了密封圈卡接式接线盒的基本构造。

灌封接线盒采用双组分硅胶填充来实现灌封。灌封接线盒操作较复杂（需要填充双组分硅胶，并固化），但是密封效果好，耐老化，能保证接线盒长期密封有效，且价格稍便宜。灌封接线盒一般用于薄膜组件，但部分公司也将其用于晶体硅组件。图 2-3-32 给出了 HD-BOX175A 灌封光伏接线盒的结构。

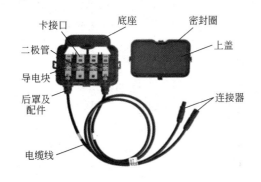

图 2-3-31　密封圈卡接式接线盒的基本构造

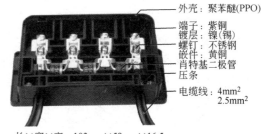

图 2-3-32　HDBOX175A 灌封光伏接线盒结构

3. 接线盒的作用

（1）一般电极引出后仅为两条镀锡条，这不方便与负载之间的电气连接，因此需要将电极焊接在成型的便于使用的电接口上。

（2）引出电极时密封性能会被破坏，这时需涂有机硅胶弥补。接线盒同时起到了增加连接强度和美观的作用。

（3）通过接线盒内的电导线引出电源正负极，避免电极与外界直接接触而老化。

（4）接线盒内的旁路二极管对光伏组件进行旁路保护。

4. 接线盒的材料选用

接线盒应由 ABS 或 PPO 工程塑料注塑制成，并加有防老化和抗紫外线辐射剂，这能确保光伏组件在室外使用 25 年以上而不出现老化破裂现象。接线柱应由外镀镍层的高导电解铜制成，这能确保电气导通及电气连接的可靠。接线盒应用硅橡胶粘接在背板表面，并用螺钉固定在铝边框上。

5. 接线盒的 IP 等级

组件用接线盒 IP 等级最低要求为 IP65。IP 表示进入防护（Ingress Protection）。等级的第一标记数字表示防尘保护等级，如"IP6_"中"6"表示无灰尘进入；第二标记数字表示防水保护等级，如"IP_5"中"5"表示防护水的喷射。

6. 接线盒的外接导线

导线使用标准绝缘铜导线，以满足载流量、电压损耗和导线强度的要求。

7. 光伏接线盒的技术指标

主要技术规格：最大工作电流、最大耐压、使用温度、最大工作湿度、（无凝结）防水等级、连接线规格、标称功率等。光伏接线盒的功率是在标准条件（温度 25℃，AM1.5，1000W/m^2）下测试出来的，一般用 WP 表示，也可以用 W 表示。标称功率：在标准条件下测试出来的功率。

以 160～185W 组件接线盒为例（表 2-3-14），展示其主要技术规格参数。

表 2-3-14　160～185W 组件接线盒的主要技术规格参数

参数	参考值	参数	参考值
额定电流	16A	防水等级	IP65
额定电压	DC 1000V	连接线规格	$4mm^2$ 电缆
使用温度	$-40\sim+85℃$	电缆尺寸	90mm 长
安全等级	Class Ⅱ	原材料	美国 GE 或其他的 PPO 材料，具有抗紫外线的能力

8. 接线盒中常用二极管的选择原则

旁路二极管的选择一般遵循如下原则：① 耐压为最大反向工作电压的两倍；② 电流为最大反向工作电流的两倍；③ 结温温度应高于实际结温温度；④ 热阻小；⑤ 压降小。

二极管的主要参数介绍如下：

(1) 额定正向工作电流　它指二极管长期连续工作时所允许通过的最大正向电流值。因为电流通过管子时会使管芯发热，温度上升。当温度超过容许上限（硅管为 140℃ 左右，锗管为 90℃ 左右）时，就会使管芯过热而损坏。因此，在二极管使用中不允许超过二极管的额定正向工作电流值。

(2) 最高反向工作电压　当加在二极管两端的反向电压升高到一定值时，会将管子击穿，使其失去单向导电能力。为了保证使用安全，规定了最高反向工作电压值。

(3) 反向工作电流　反向工作电流是指二极管在规定的温度和最高反向电压作用下，流过二极管的电流。反向工作电流越小，管子的单方向导电性能越好。反向工作电流与温度有密切的关系，大约温度每升高 10℃，反向工作电流增大一倍。

9. 光伏组件接线盒的要求

(1) 外壳采用进口高级原料生产，具有极高的抗老化、抗紫外线能力。
(2) 适用于室外的恶劣环境条件，使用时效在 25 年以上。
(3) 根据需要可以任意内置 2～6 个接线端子。
(4) 所有的连接方式采用快速插入式连接。
(5) 具备自锁功能，使连接方式更便捷、牢固。
(6) 必须具有防水密封设计以及科学的防触电保护，以具有更好的安全性能。图 2-3-33 为光伏组件接线盒密封圈及引出线卡口示例。

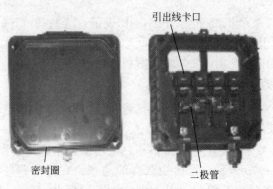

图 2-3-33　光伏组件接线盒密封圈及引出线卡口

10. 接线盒的选用

选择光伏接线盒的主要参考依据是组件电流的大小,包括光伏组件工作时的最大电流和短路电流以及当短路时组件所能够输出最大的电流。按照短路电流核算接线盒的额定电流的话,安全系数应是比较大的;而按照最大工作电流核算的话,安全系数就小一点。

最科学的选择应该是根据电池片的电流随光照强度的变化规律进行选择,因此设计人员必须了解此时所生产的组件用在哪个地区,在这个区域内的光照最强的时候是多大,然后对照电池片的电流随光照强度的变化曲线,查出可能的最大电流,最后选择接线盒的额定电流,这样设计比较科学。最重要的一点是查明短路电流的大小。对于这个测试,选择二极管要考虑以下几个量:电流(数值大的好),最大结温(数值大的好),热阻(数值小的好),压降(数值小的好),反向击穿电压(一般 40V 即可)。

(1) 接线盒的接触电阻　光伏组件的引线和接线盒的连接以及旁路二极管与接线盒的连接方式最好采用焊接方式,而不采用压接方式。

(2) 接线盒旁路二极管的导通压降　在旁路二极管工作时产生的功耗与导通压降成正比。

(3) 接线盒旁路二极管的结点温度　结点温度越高,二极管的工作温度就越高,其安全性和可靠性越高。

11. 接线盒的测试

接线盒在使用前要进行测试,主要测试外观、密封性、防火等级以及二极管是否合格等。测试项目如表 2-3-15 所示。

表 2-3-15　接线盒的测试项目

测试项目	测试内容	测试方法(使用工具)
包装	包装是否完好;检查厂家、规格、型号以及保质期	目测
外观	检查接线盒外观有无缺陷,标识(应是不可擦拭的)是否符合要求,二极管数量是否正确,接线盒内部有无缺陷	目测
抗拉力	将连接器接到接线盒上,然后夹住接线盒,用拉力器测试,拉力大于 10N 为合格	拉力器
引线卡口胶合力	将汇流带装进卡口,用拉力计夹住卡口,施加拉力大于 40N 为合格	拉力计
二极管压降和结温测试	用万用表测量导通电压	万用表、恒流源和热电偶
接触电阻	用直流电阻测试仪测试接触电阻	直流电阻测试仪
湿绝缘测试	将接线盒浸入水(介质)中,并用 500V 兆欧表测量引出线和水间的电阻值	兆欧表/绝缘电阻表
高压测试	用高压测试仪连接接线盒引出线和铝箔,并施加高压进行测试	高压测试仪
黏结牢固度测试	使用指定的黏结胶将待测接线盒样品与试验用模拟组件黏结起来,在导线的下端挂 10kg 的重物进行测试	10kg 哑铃
老化测试	盐雾腐蚀、湿热老化等	老化测试设备

接线盒中的二极管压降、结温的测试方法及要求如表 2-3-16 所示。接线盒的接触电阻、导线拉力、湿绝缘的测试方法及要求如表 2-3-17 所示。接线盒的高压测试、黏结牢固度测试、盐雾腐蚀试验以及湿热老化试验的方法及要求如表 2-3-18 所示。

表 2-3-16 二极管压降结温的测试方法及要求

项目	测试方法	测试要求
二极管压降测试	① 将万用表调至二极管挡 ② 将待测接线盒样品的正负极与恒流源的正负极进行串联连接 ③ 开启恒流源,将电流升至 0.5A ④ 将万用表的两个接触头分别放在二极管的两端,测量导通电压	压降 $U \leqslant 2.4V$
二极管结温测试	① 从车间随意选取一块常规组件,且获取该组件的短路电流 I_{SC} ② 把上述组件放在温度为 75℃ 的烘箱中至热稳定 ③ 将恒流源的正负极与接线盒的正负极进行串联连接,且将恒流源的电流调至组件实际的 I_{SC} ④ 热稳定后(例如 1h),用热电偶测量二极管的表面温度 ⑤ 根据以下公式计算实际结温:$T_j = T_{case} + RUI$。式中,R 为热阻系数,由二极管厂家给出;T_{case} 为二极管的表面温度(用热电偶测出);U 为二极管两端的压降(实测值);I 为组件的短路电流	计算出的 T_j 不能超过二极管规格书上的结温范围

表 2-3-17 接触电阻、导线拉力、湿绝缘的测试方法及要求

项目	测试方法	测试要求
接触电阻测试	① 在待测样品上安装上一定长度、一定规格的汇流条(汇流条的电阻 R_1 已知) ② 用万用表测量待测样品上一个二极管的电阻 R_2 ③ 将待测接线盒样品的正负极与恒流源的正负极进行串联连接,开启恒流源,并使电流升至 10A ④ 用直流电阻测试仪的两个接触头分别连接汇流带和二极管管脚,测量汇流带与二极管管脚之间的电阻 R_3。可计算出汇流带与接线盒连接处的接触电阻 $R = R_3 - R_1 - R_2$	$R \leqslant 5m\Omega$ 为合格
导线拉力测试	① 首先将接线盒固定在工作台上(图 2-3-34) ② 将 10kg 的重物悬挂在接线盒的导线上 ③ 持续 1min,观察导线情况	若导线与接线盒之间无任何裂缝或裂口,判定为合格
湿绝缘测试	① 首先将待测样品粘在一块小的层压样品上 ② 按图 2-3-35 所示的方法将接线盒浸入水中,两条引出线高于水面且不沾湿 ③ 用 500V 兆欧表测量引出线和水间的电阻值	电阻值大于 50mΩ 为合格

图 2-3-34 导线拉力测试示意

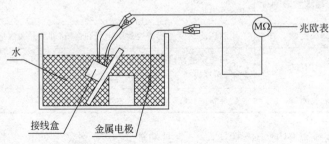

图 2-3-35 接线盒湿绝缘测试示意

表 2-3-18　高压测试、黏结牢固度测试、盐雾腐蚀试验以及湿热老化试验的方法及要求

项目	方法	要求
高压测试	① 首先将待测样品粘在一块小的层压样品上 ② 用单面黏结的铝箔包裹在接线盒外部 ③ 将高压测试仪的两个接头按图 2-3-36 所示的方式连接接线盒引出线和铝箔 ④ 将高压测试仪的电压升至 6000V(DC) ⑤ 观察高压测试仪上的电流增长值	漏电流增长值不大于 50μA
黏结牢固度测试	① 使用指定的黏结胶将待测接线盒样品与试验用模拟组件黏结(用灌封胶灌封) ② 黏结好后在室温下放置 48h ③ 按图 2-3-37 所示的方式放置,在导线的下端挂 10kg 的重物,持续 1min	接线盒无脱落或损坏为合格
盐雾腐蚀试验	① 将待测接线盒样品直接放置在盐雾试验箱内并开启试验箱 ② 连续测试 1000h 后取出待测样品	待测样品表面无腐蚀或色斑现象,且能正常使用
湿热老化试验	① 将待测接线盒样品直接放入湿热老化箱内 ② 在 85℃、85%RH 的条件下持续 1000h 后将之取出,并用肉眼观察样品状况	待测样品表面无变形,无黄变、脆裂、龟裂现象,且能正常使用

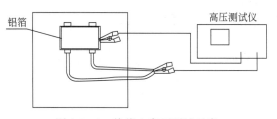

图 2-3-36　接线盒高压测试示意　　　　图 2-3-37　接线盒黏结牢固度测试示意

(二) 接线盒安装工艺

1. 接线盒安装的工序要求

(1) 引出线必须与接线盒的电极极性连接正确,焊点光滑饱满,无虚焊和漏焊。

(2) 接线盒与组件背板之间的硅胶必须完全密封,无缝隙,且溢出的胶条需均匀。

(3) 接插引线时,将其接插到接线插孔内时必须到位,无松动现象。

2. 接线盒安装步骤

(1) 按工艺要求准备接线盒,打开接线盒的上盖,在接线盒背面四周打上密封胶。

(2) 将接线盒放置在有正负电极的引出线上,固定位置并压紧,并将引出线从接线盒中穿出。

(3) 将引出的正负电极引线放置在接线盒的电极焊片上,用电烙铁焊接,并检查焊接点的牢固度。要剪去引出线的过长部分,以避免发生短路。

(4) 安装完线盒后要将其压紧并用透明胶带固定,以避免接线盒移位。

(5) 等待硅胶固化。

3. 接线盒质量检验的注意事项

(1) 检查接线盒是否有缺陷,正负极标识是否与组件匹配以及二极管极性是否正确。

(2) 检查接线盒是否安装到位，是否倾斜或位置不正确。
(3) 检查接线盒与组件背板粘接处四周的硅胶是否溢出、饱满。
(4) 注意电烙铁不能碰到接线盒的塑料部分。
(5) 检查组件时轻拿轻放。

七、清洗工艺

组件的清洗过程是在清洗的同时对组件外观进行一次全面检查的过程，检查组件有无瑕疵，打胶不足的地方要补胶，保证组件外观干净整洁，使玻璃透光率最大，以增加光伏组件的电学性能输出；同时，清除组件表面残留的 EVA 或硅胶等附着物，这可以减轻组件在户外使用时灰尘等杂质的黏附，从而避免热斑效应。

（一）组件清洗要求

(1) 光伏组件整体外观干净明亮。
(2) 背板完好无损、光滑平整，铝合金边框和玻璃无划伤。

（二）组件清洗操作步骤

(1) 将组件置于清洁的工作台上，用美工刀刮去组件正面残余的 EVA 和硅胶（注意不要损伤铝合金边框和玻璃）。
(2) 用干净的无尘布蘸上酒精擦洗组件的玻璃面和铝合金边框。
(3) 用干净的无尘布蘸上酒精擦洗背板表面；用塑料刮片或橡皮去除背板上残余的 EVA 和多余的硅胶。
(4) 检查背板和铝合金边框结合部是否有漏胶的地方，如有应及时补胶。
(5) 清理工作台面，保证清洗工序环境清洁有序。

（三）清洗工艺质量检查及注意事项

(1) 检查组件表面，不得有硅胶残余及其他污物。
(2) 背板应完好无损。
(3) 轻拿轻放，双手搬运光伏组件。
(4) 不要划伤铝合金边框和玻璃。
(5) 如果有机硅胶没有完全固化，则在清洗组件时不得大量使用酒精。

（四）组件表面污浊物的影响

光伏电站的系统效率是衡量系统运行情况最直接的标准。在太阳辐照资源确定的情况下，系统效率决定了一个光伏电站的发电量。发电量是光伏电站至关重要的指标之一。影响太阳能光伏电站发电量的十大影响因素包括太阳辐射量、太阳能电池组件的倾斜角度、太阳能电池组件的效率、组件损失、温度特性、灰尘损失、最大输出功率跟踪（MPPT）、线路损失、控制器及逆变器效率、蓄电池的效率。

光伏电站系统的总效率＝太阳能电池阵列效率×逆变器转换效率×并网效率。

光伏组件表面污浊物是影响光伏电站系统效率和降低发电量的重要因素之一。一方面光伏组件表面的污浊物（如粉尘颗粒、积灰等）降低了太阳光的透射率，从而降低光伏组件表面接收到的太阳辐射量，这种情况在干旱缺水、风沙很大的西北地区尤为严重；另一方面是组件表面的污浊物（如树叶、泥土、鸟粪等）因为距电池片的距离很近，因此会形成阴影，产生热斑效应，降低组件的发电效率，甚至烧毁组件。

(五)户外光伏组件的清洗及注意事项

关于光伏组件表面污浊物对发电效率的影响的研究已经非常多。然而迄今为止,市场上仍没有非常有效的清洁方法。尽管如此,通过光伏组件的清洗来提升光伏电站发电量的方法远比太阳能电池技术研发所带来的发电量的提升更为简单、经济和实用。下面简单介绍一些光伏组件的清洗方法以及效果。

首先,用干燥的掸子或干净的无尘布将光伏组件表面的附着物(如积灰、树叶等)掸去;然后,用硬度适中的塑料刮刀或纱球将硬度较大的附着物(如泥土、鸟粪等)去除,在此过程中要注意避免对光伏玻璃表面的破坏;最后,用清水去除光伏组件表面依旧残留的附着物,如图 2-3-38 和图 2-3-39 所示。对于光伏组件表面所附着的油性物质可选用酒精、汽油等非碱性的有机溶剂进行擦拭,以去除残留的有机溶剂。

图 2-3-38 人工清洗光伏组件　　　　　图 2-3-39 水枪清洗光伏组件

用清水冲洗光伏组件是比较有效的清洗方法,但是在缺水干旱地区,对其经济性需要仔细分析,在提高发电量和清洗成本上找到平衡点。此外,在光伏组件清洗过程中要注意以下几个方面。

(1)防止刮伤面板玻璃　在对光伏组件进行清洁操作时,不要踩在玻璃面板上,以免对玻璃面板造成损伤。对于光伏组件表面难以除掉的附着物,不要用硬物(如金属)去刮蹭。冬季清洗时间应选在阳光充足时,以防气温过低而结冰,造成污垢堆积。同理也不要在玻璃面板很热的时候将冷水喷在玻璃面板上,防止因热胀冷缩造成组件损坏。

(2)防止漏电工作　光伏电站由光伏阵列(串并联后的光伏组件阵列)、电气元件等组成。在发电过程中光伏阵列往外带有几百伏特电压和安培级的电流。尽管光伏组件清洗时间一般安排在阳光较弱的情况下,但是光伏组件电池阵列经过一系列的串并联后仍会有很高的电压,加上逆变器及监控器内设有控制电路,任何和电缆连接的器件都有漏电的隐患。此外,光伏组件在正常工作时对大地的偏压通过铝合金边框形成漏电流接向大地。漏电流过大会导致光伏组件出现极化功率衰减和电化学腐蚀现象。漏电流严重时会直接危害到光伏发电系统和人身安全。清洗组件会直接增大光伏组件的漏电流。封装材料(如玻璃和背板)通常具有较好的绝缘性能,而密封较好的晶体硅组件会由于硅胶老化导致边缘密封性能下降。光伏组件边缘往往由于密封不良而导致边缘处的 EVA 长期直接暴露于高温高湿环境,导致光伏组件的漏电流大幅增大。有些厂家为追求光伏组件的高效率,会把带电体和组件边缘的距离做到最小。有些有特殊应用的组件甚至不使用硅胶密封组件边缘。清洗组件会导致这些产品出现氧化腐蚀和漏电现象。因此在进行组件清洗前,应考察监控记录中是否有电量输出异常的记载,并检查组件的连接线和相关电气元件有无破损,并用试电笔检测光伏组件的边框、支架和面板玻璃是否漏电,同时在喷射清洗过程中还应注意不要将水喷到跟踪器的接线盒、控制箱或其他可能引起漏电和短路的元器件上。

(3) 防止热斑产生　不要在太阳直射的情况下清洗光伏组件。人员或车辆的走动会形成阴影，进而产生热斑效应，导致组件的发电效率降低，并会引起被遮挡部位的温度快速升高，甚至会导致光伏组件局部烧毁或老化加速。

(4) 防止人身伤害　光伏组件多是铝合金边框，四周一般会形成许多锋利的尖角，因此进行组件清洗的工作人员应穿着相应的防护服装并佩戴安全帽以避免造成人员的剐蹭伤。应禁止衣服或者工具上出现钩子、带子、线头等容易引起牵绊的部件。

任务四　层压光伏组件的测试与优化

在层压光伏组件制作完成后，需要检查外观，检查工艺过程有无问题；测试在 STC 条件下的电学性能，包括开路电压、短路电流、最大功率点电压、最大功率点电流等。

具体步骤如下：

(1) 检查制作的层压光伏组件的实际作品与任务二中设计的版型图是否一样以及实际产品是否按照设计要求完成。

(2) 检查层压光伏组件的外观。若表面光滑、平整且电池串布排美观，则说明作品合格；若表面有气泡、移位、碎片、裂纹等，则说明层压工艺控制不当，严重的需要返工重新制作；若光伏组件的边缘有多余的胶，则需修剪平整。

(3) 对于功率小的组件，可以在室内模拟太阳光源下用万用表或者光伏组件叠层铺设台上的电压表、电流表，测试层压光伏组件的电压和电流；若有电压和电流，则说明光伏组件可以在模拟光源或者太阳光下工作；若无电压和电流或者数值非常小，则说明光伏组件不能在模拟光源或者太阳光下工作，这时需要检查光伏组件的制作工艺，并重新返工制作。

层压光伏组件也可以采用室内组件 I-V 测试仪测试其电学性能。一般在国际通用的标准测试条件，即太阳辐照度 $1000W/m^2$、太阳光谱 AM1.5、测试温度 25℃ 条件下测试，获得光伏组件的电学性能。电学性能参数可以打印到铭牌上，并贴在组件的背面。

(4) 将层压光伏组件和太阳能警示灯配件一起装配并调试；检查在太阳光下太阳能警示灯是否可以工作。若能工作，则整个项目成功完成；若不能工作，则需要检查原因。若小车装配线路没有问题，则检查光伏组件的功率是否足够，必要时需要返工，直至太阳能警示灯能够工作。

【任务单】

1. 学习必备知识中的层压光伏组件测试要点，太阳能交通警示灯调试安装示例以及组件 I-V 测试。
2. 按照下表清单指引，依次完成学生工作手册中的表格要求内容。
3. 准备测试工具和太阳能交通警示灯配件，动手组装调试太阳能交通警示灯，最终完成层压光伏组件的测试和优化，以获得能够工作的简易太阳能交通警示灯作品。

需要按照顺序依次完成的学生工作手册表格清单如下：

序号	工作手册表格名称	是否完成
1	2-4-1 层压光伏组件的测试与优化信息单	是□　否□
2	2-4-2 层压光伏组件的测试与优化计划单	是□　否□
3	2-4-3 层压光伏组件的测试与优化记录单	是□　否□
4	2-4-4 层压光伏组件的测试与优化报告单	是□　否□
5	2-4-5 层压光伏组件的测试与优化评价单	是□　否□

能量小贴士

"上士闻道,勤而行之。"——《道德经》。光伏组件的测试是保证产品质量的重要手段,只有确定检测目标,严格坚持标准要求,才能提升产品质量。

【必备知识】

一、层压光伏组件测试要点

层压光伏组件的测试要点如表 2-4-1 所示。

表 2-4-1 层压光伏组件的测试要点

测试项目	测试内容	测试要求
外观	(1)有无移位、气泡、褶皱、碎片等 (2)检查边缘的残余胶和背板材料	组件光滑、平整,电池串美观,且边缘整齐无胶,则为合格品
电学性能	(1)在模拟太阳光源下,测试组件的电压、电流 (2)采用组件 I-V 测试仪测试	若有电压和电流,则判定为合格;若无电压和电流或数值非常小,则不合格,需查找原因
装配调试	将光伏组件和太阳能警示灯配件装配调试,并检查是否可以工作	若能够在太阳光下工作,则说明组件合格;若不能工作,则需检查装配线路或者测试组件功率是否过小
与设计方案对比	对比实物与设计方案是否一致	若一致,则说明光伏组件制作工艺过程控制得很成功,判定为合格;若不一致,则需要反思并检查工艺过程,优化改进工艺

典型的层压光伏组件成品如图 2-4-1 所示。

图 2-4-1 典型层压光伏组件成品示例

二、太阳能交通警示灯调试安装示例

层压光伏组件可用于太阳能交通警示灯、太阳能路灯、太阳能垃圾桶等光伏应用产品。典型的太阳能应用产品如图 2-4-2 所示。

三、组件 I-V 测试

光伏组件测试仪(也称组件 I-V 测试仪)是专门用于太阳能单晶硅、多晶硅、非晶硅光伏组件的电学性能测试的设备。这里以武汉三工光电设备制造有限公司研制生产的光伏组件测试仪为例介绍。

图 2-4-2 典型层压光伏组件的应用产品

（一）光伏组件测试仪

武汉三工光伏组件测试仪采用大功率、长寿命的进口脉冲氙灯作为模拟器光源，进口超高精度四通道同步数据采集卡进行测试数据采集，并采用专业的超线性电子负载保证测试结果精确。其技术特点包括以下几个方面：

（1）恒定光强，在测试区间保证光强恒定，确保测试数据真实可靠。闪灯脉宽为0～100ms且连续可调，步进1ms，可适应不同的电池组件测量。

（2）数字化控制保证测试精度，并采用可编程控制硬件参数，简化了设备调试和维护。采用2m×4路高速同步采集卡，更多还原测试曲线细节，准确反映被测电池片的实际工作情况。

（3）采用红外测温，真实反映电池片的温度变化，并自动完成温度补偿。

（4）自动控制，在整个测试区间实时侦测电池片和主要单元电路的工作状态，并提供软/硬件保护，保证设备可靠运行。

通常光伏组件测试仪都是由组件测试箱、脉冲光源设备、电子负载设备、控制计算机（控制和测试软件）等组成。其关键的技术参数包括太阳模拟器的等级、测试面积、光源的均匀度、重复测试的准确度以及测试速度等。该组件测试仪的结构如图2-4-3所示，其主要技术参数如表2-4-2所示，该仪器的操作面板如图2-4-4所示。

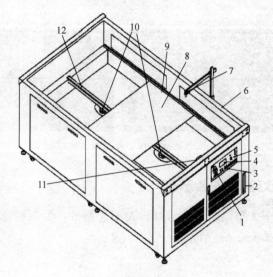

图 2-4-3 武汉三工光伏组件测试仪的结构

1—急停开关；2—外部接口；3—调整按钮；4—液晶屏；5—钥匙开关；6—台面玻璃；
7—测温探头；8—超白玻璃（磨砂）；9—超白玻璃压条；10—氙灯；11—标准电池；12—氙灯支架

表 2-4-2　武汉三工光伏组件测试仪的主要技术参数

项目	型号		
	SMT-A	SMT-B	SMT-AAA
光源	1500W 大功率脉冲氙灯，氙灯寿命 10 万次（进口）		
光强范围	100mW/cm² （调节范围为 70～120mW/cm²）		
光谱	范围符合 IEC 60904-9 光谱辐照度分布要求 AM1.5		
辐照度均匀性	±3%	±2%	±2%
辐照度稳定性	±3%	±2%	±2%
测试重复精度	±1%	±0.5%	
闪光时长	0～100ms 连续可调，步进 1ms		
数据采集	I-U、P-U 曲线超过 8000 个数据采集点		
测试系统	Windows XP		
测试面积	200mm×1200mm		
测试速度	6s/片		
测量温度范围	0～50℃（分辨率为 0.1℃），红外线测温，直接测量电池片温度		
有效测试范围	20～300W		
测量电压范围	0～150V（分辨率为 1mV），量程为 1/16384		
测量电流范围	200mA～20A（分辨率为 1mA），量程 1/16384		
测试参数	I_{SC}、U_{OC}、F_{max}、U_m、I_m、F_F、E_{FF}、T_{emp}、R_s、R_{sh}		
测试条件校正	自动校正		
工作时间	设备可持续工作 12h 以上		
电源	单相 220V/50Hz/2kW		

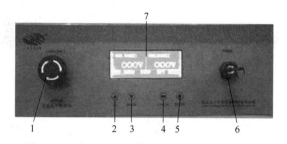

图 2-4-4　武汉三工光伏组件测试仪的操作面板

1—急停开关；2—上调整键；3—下调整键；4—取消/换页键；5—确定/功能键；6—钥匙开关；7—液晶屏

（二）光伏组件测试仪的操作规程

（1）开机

① 检查电源是否接好，并检查急停开关（参见图 2-4-4）是否处于释放状态，如被按下须旋开释放。

② 打开设备内部的空气开关（图 2-4-5）。

③ 打开钥匙开关（参见图 2-4-4），设备通电。

④ 待设备通电正常后，启动计算机。

（2）点击桌面 "SCT.exe" 图标，进入测试软件（请确定已插入加密狗）。

（3）点击测试软件界面右侧的绿色"给电容充电"按钮，此时"当前充电电容状态"会由红色变成绿色（参考任务三中图 2-3-6）。同时"操作面板"上的电压会上升到设定值。

此时控制面板的液晶屏工作状态指示由"STOP"变为"WORK"，设备电容充电，从设备前方的液晶屏可看到充电过程，如图 2-4-6 所示。注意：图（b）显示的电压反用于图示说明，实际工作电压出厂前已设定好，请勿擅自修改。

图 2-4-5 光伏组件测试仪内部的空气开关

图 2-4-6 充电前后操作面板上液晶屏的变化

（4）将待测电池组件放在光伏组件测试仪上并保证鳄鱼夹与组件的正负极接触良好（红色为正极并接待测组件正极，黑色为负极并接待测组件负极）。

（5）用鼠标点击"测试"即可测试。测试结束后可在屏幕上看到测试结果及曲线（参考任务二中图 2-3-9）。

（6）参数调整。在软件主界面下选择"参数设置"菜单或按键盘 F4 键，可进入如图 2-4-7 所示的"电池参数"界面。

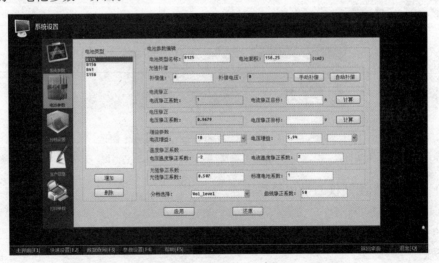

图 2-4-7 光伏组件测试仪的"电池参数"设置界面

首先点击"电池类型"条目中"增加"按钮，根据实际应用增加电池类型，也可以选中已有的电池类型，对其进行更改。"电池类型名称"可任意输入，"电池面积"请按实际电池片的面积输入，并点击"应用"生效。点击"快速设置"或按键盘上的 F2 键可进入"常规控制"（图 2-4-8）。

在"电池规格选择"中选择刚刚增加或更改的电池类型。确定电池类型后，再次返回"电池参数界面"，参数调整操作如下：

① 先将所有参数清零。

a. 清除电流修正系数设置。点击"参数设置"选择"电池参数"。在"电流修正目标"对话框填入"0"，点击"计算"（图 2-4-9），此时电流修正系数会变为"1.0"，然后点击"应用"按钮确认修改。

图 2-4-8 光伏组件测试仪的"电池参数"设置中的"常规控制"界面

图 2-4-9 电流修正对话框

b. 清除电压修正系数设置。在"电压修正目标"对话框填入"0"，点击"计算"（图 2-4-10），此时电压修正系数会变为"1.0"，然后点击"应用"按钮确认修改。

图 2-4-10 电压修正对话框

c. 清除曲线修正系数设置。在"曲线修正系数"对话框填入"0"（图 2-4-11），点击"应用"按钮，最后点击"确定"按钮。

② 选择"主界面"或按 F1 键，进行测试，观察测试结果。

图 2-4-11 曲线修正对话框

③ 回到"参数设置"菜单中，依照标准组件的参数，在图 2-4-12 中输入标准光伏组件的短路电流和开路电压值并计算。注意：图中显示的"电流修正目标"与"电压修正目标"值仅用于图示说明，实际参数请根据不同的标准电池组件而定。

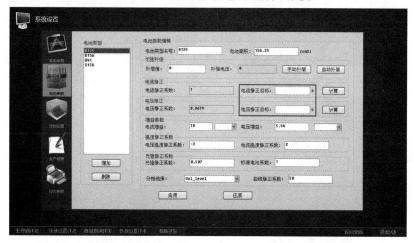

图 2-4-12 根据标准光伏组件的标定值对光伏组件测试仪进行校准

将标准电池组件的短路电流值输入至"电流修正目标"对话框内，点击"计算"按钮并点击"应用"，以对短路电流进行修正。将标准电池组件的开路电压值输入至"电压修正目标"对话框内,点击"计算"按钮并点击"应用",以对开路电压进行修正。

④ 选择"主界面"进行测试,观察测试结果。若此时所测得的"最大功率"与标准组件的"最大功率"有误差,则进行下面第⑤步操作;若没有,则直接进行第⑥步操作。

⑤ 在图 2-4-11 所示界面下输入"曲线修正系数"值。曲线修正系数中的输入值可对测试的最大功率进行微调。此值以"0"为基准,数值越大功率越大,数值越小功率越小。

⑥ 将光强设定到 $100\mathrm{mW/cm^2}$。点击"参数设置"选择"电池参数"。在"光强修正系数"中输入值(图 2-4-13),使所测得的光强值在 $100\mathrm{mW/cm^2}$。此值越大,光强越高;此值越小,光强越低。

⑦ 参数调整结束。

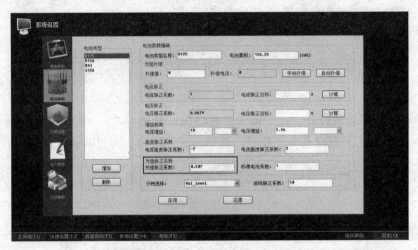

图 2-4-13 通过光强修正系数对光伏组件测试仪的光强进行校准

(7) 关机。

① 鼠标点击"退出系统",待软件完全退出后关闭电脑。

② 观察设备前方液晶显示屏,当电容电压降至 10V 以下时,方可逆时针旋转钥匙开关以使设备断电。

项目三 半片光伏组件的设计与制作

项目介绍

一、项目背景

目前我国光伏发电规模不断扩大，技术不断进步，并且光伏电站成本也快速下降。过去几年间，我国光伏系统投资成本和发电成本下降幅度均超过 50％。受"光伏 531 新政"的影响，光伏已加快平价上网的步伐。推动光伏平价上网和行业健康发展已成为当前全光伏行业的努力方向。因此，降低光伏发电成本（LCOE）是提高效率和提高可靠性所追求的终极目标，从而最终能够跟常规电价竞争，获取一席立足之地。随着光伏技术的进步和"领跑者"计划的深入推进，中国光伏行业开始进入高效产品比拼的时代。除传统晶硅电池和组件技术外，还研发出 PERC、HIT、N 型和 IBC 等电池技术以及叠瓦、半片、双玻和双面组件技术。特别是半片技术的研发极大地推动了光伏产业高效组件封装技术的发展，并被业界一致看好。高功率组件产品逐渐成为一种具备成本竞争力，可靠且可持续发展的产品。

双玻光伏组件结构及能量传输过程

光伏＋农业模式取得了显著效果，例如农光互补、光伏＋种植养殖等模式在我国脱贫攻坚行动中发挥了重要作用。光伏农业大规模发展，主要是将光伏发电与现代农业种植、养殖以及现代农业设施有效结合。一方面光伏系统可利用农业用地直接低成本发电；另一方面，光伏组件需要做成透光的、动植物生长所需要的光源可以穿透的。对于农业大棚，红外线也能穿透，可以增加大棚的温度，冬季有利于动植物生长，节约能源。

双面组件发电增益原因

【订单】

X 公司接到一批订单，需要在一个月内生产一批半片光伏组件，主要用于农光互补光伏电站。假设你是 X 公司的光伏组件制造工艺工程师，承担了该订单的任务工作。如何完成该订单任务呢？

二、学习目标

1. 能力目标

（1）能够根据订单要求制订半片光伏组件的项目工作方案，设计半片光伏组件；

(2) 能够绘制半片光伏组件的版型图；

(3) 能够将太阳电池串封装成半片光伏组件，并使用万用表测试半片光伏组件的电流和电压。

2. 知识目标

(1) 熟悉半片光伏组件的结构及基本设计方法；

(2) 掌握光伏组件的版型图的绘制方法；

(3) 掌握太阳电池分选机、层压机、EL 测试仪的设备结构和操作流程；

(4) 掌握半片光伏组件的工艺流程。

3. 素质目标

(1) 初步形成独立分析、设计、实施和评估的能力；

(2) 诚实守信、工作踏实，能够按照操作规程开展工作；

(3) 培养质量意识和安全意识。

三、项目任务

项目三学习目标分解

任务	能力目标	知识目标	素质目标
任务一 半片光伏组件的工作方案制订	能够根据订单要求制订半片光伏组件的项目工作方案	(1) 熟悉半片光伏组件的结构； (2) 了解半片光伏组件的制作工艺流程，以及制作过程所需的原材料、设备工具	(1) 具备一定的文献调研和资料查找能力； (2) 具有自主创新意识
任务二 半片光伏组件的版型设计与版图绘制	(1) 能够根据客户需求设计不同功率的半片光伏组件； (2) 能够采用 AutoCAD 等软件绘制半片光伏组件的版型图	(1) 掌握半片光伏组件的基本设计方法； (2) 了解半片光伏组件版型图的内容和样式； (3) 掌握半片光伏组件的版型图的绘制方法	(1) 具有一定的独立设计能力； (2) 具有精益求精的工匠精神
任务三 半片光伏组件的制作	能够操作自动电焊机，将太阳电池片焊接成太阳电池串	掌握自动串焊机的设备结构、操作流程	具备自主学习的能力
任务四 半片光伏组件的测试与优化	(1) 能够采用便携式光伏组件 I-V 测试仪在户外真实条件下测量半片光伏组件的电学性能参数； (2) 能够分析和优化半片光伏组件制作工艺流程	(1) 掌握在户外条件下半片光伏组件的电学性能参数测试的方法； (2) 了解半片光伏组件不合格的主要原因	(1) 具有数据采集、分析、诊断的能力； (2) 具有发现问题和解决问题的能力

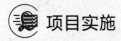 项目实施

任务一 半片光伏组件的工作方案制订

半片光伏组件是通过将标准电池对切后串联而得到的，都是采用激光切割法，沿着垂直于电池主栅线的方向将标准规格电池片切成相同的两个半片电池片，再进行焊接串联。这可以降低功率损耗，组件功率比同版型的常规组件高 5~10W。

半片光伏组件不像常见的光伏组件那样具有 60 或 72 片电池，而是变成了 120 或 144 个

半片电池,但同时保持与常规组件相同的设计和尺寸。其是最易于实现大规模量产和具备高性价比的高效组件技术。

在制作农光互补用半片光伏组件之前,首先需要分析客户需求,根据客户订单要求,分析制订半片光伏组件的项目工作方案。通常,项目的工作方案包括客户需求、组件的结构尺寸、工艺步骤、原材料、设备工具、检验标准等内容。其工艺步骤与层压光伏组件基本一致,不同之处是在焊接前增加了激光切片工序。

【任务单】

1. 复习项目一和项目二的必备知识;学习本任务的必备知识中的半片光伏组件的结构;了解制作半片光伏组件制作过程所需的工具和原材料。
2. 按照下表清单指引,依次完成学生工作手册中的表格要求内容,最终制订完成层压半片光伏组件的制备工作方案。需要按照顺序依次完成的学生工作手册表格清单如下:

序号	工作手册表格名称	是否完成
1	3-1-1 半片光伏组件的工作方案制订信息单	是□ 否□
2	3-1-2 半片光伏组件的工作方案制订准备计划单	是□ 否□
3	3-1-3 半片光伏组件的工作方案制订过程记录单	是□ 否□
4	3-1-4 半片光伏组件的工作方案制订报告单	是□ 否□
5	3-1-5 半片光伏组件的工作方案制订评价单	是□ 否□

能量·小·贴士

"不积跬步,无以至千里;不积小流,无以成江海。"——荀子《劝学》。半片光伏组件也是一种层压光伏组件,它既需要层压光伏组件中的层压工艺,也需要结合环氧树脂胶光伏组件中的激光划片工艺。

【必备知识】

一、半片光伏组件的结构

半片光伏组件的主要特点是将标准电池片切割成两半,焊接连接,并封装而成。其在外形上和全片的光伏组件有明显的区别(图3-1-1)。半片光伏组件在结构上主要由钢化玻璃、太阳电池串、封装胶膜及背板等组成,与全片光伏组件没有明显差别。

二、半片光伏组件制作过程中所用的原材料、设备工具

制备半片光伏组件和常规组件所需物料基本相同。此处需要制作农光互补用光伏组件,建议采用双面透光玻璃面板,制作完成的光伏组件为透光型

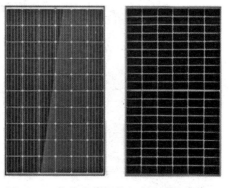

图 3-1-1 全片光伏组件与半片光伏组件

组件。在半片光伏组件制作之前准备好所需要的原材料和设备工具，如表 3-1-1 和表 3-1-2 所示。

表 3-1-1 半片光伏组件制备所用原材料

序号	原材料名称	说明
1	太阳电池片	根据能够获取的原材料确定选用单晶硅太阳电池片还是多晶硅太阳电池片
2	光伏玻璃	前后面板玻璃
3	EVA 胶膜	
4	互连条	根据电池片的栅线宽度确定选用规格
5	汇流带	根据实际需要确定选用规格
6	铝边框	根据实际设计需要确定是否选用
7	接线盒	
8	硅胶	
9	MC3/MC4 电缆接头	
10	其他辅助材料	焊锡、松香、助焊剂等

表 3-1-2 半片光伏组件制备所用设备工具

序号	设备/辅助工具名称	说明
1	电脑（带绘图软件）	
2	激光划片机	
3	焊接台	
4	可调温电烙铁	烙铁头为斜面
5	电烙铁测温仪	
6	叠层铺设台	
7	层压机	
8	组件 I-V 测试仪	
9	组框机	
10	其他辅助工具	万用表、尺子、小刀和层压机高温布

任务二 半片光伏组件的版型设计与版图绘制

半片光伏组件在制作之前仍需要进行版型设计，其电气结构设计与层压光伏组件略有不同，需要进一步学习。其他具体步骤与层压光伏组件类似，在此不再详述。

【任务单】

1. 复习项目一的必备知识中光伏组件的设计要点、设计方法和实例，了解光伏组件的结构设计要求；学习本任务的必备知识中的半片光伏组件的版型设计、半片光伏组件的优势和典型半片光伏组件版型图。
2. 按照下表清单指引，依次完成学生工作手册中的表格要求内容，最终完成半片光伏组件的版型设计与图纸绘制。
需要按照顺序依次完成的学生工作手册表格清单如下：

序号	工作手册表格名称	是否完成
1	3-2-1 半片光伏组件的版型设计与图纸绘制信息单	是□ 否□
2	3-2-2 半片光伏组件的版型设计与图纸绘制计划单	是□ 否□
3	3-2-3 半片光伏组件的版型设计与图纸绘制记录单	是□ 否□
4	3-2-4 半片光伏组件的版型设计与图纸绘制核验单	是□ 否□
5	3-2-5 半片光伏组件的版型设计与图纸绘制评价单	是□ 否□

能量小贴士

"惟进取也，故日新。"——梁启超《少年中国说》。半片光伏组件是在常规光伏组件上的创新。我们只有不断地进取，才会有不断的创新和成长。

【必备知识】

一、半片光伏组件的版型设计

常规组件通常采用串联结构。半片光伏组件由于半片电池片划片后电流减半而电压不变，所以如果使用串联结构进行组件设计（图 3-2-1），则组件电压将是常规组件的两倍，而电流则是常规组件的一半。由于电阻不变，因此会增加系统的成本，同时组件电压增倍后也存在一定的安全风险。

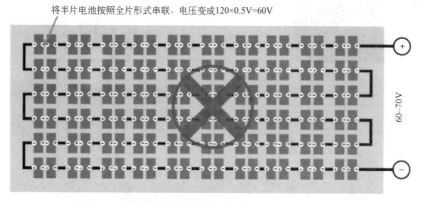

图 3-2-1　半片光伏组件按照常规组件串联方式连接

光伏组件内部结构通常包括串联结构和串联-并联结构、并联-串联结构等三种设计方式。为了保证其与常规组件的整体输出电压和电流一致，半片电池组件一般会采用串联-并联结构设计，相当于两块小组件并联在一起，如图 3-2-2 所示。

与常规光伏组件相比，版型设计导致半片光伏组件的电压、电流和电阻具有以下变化：

（1）一个半片电池的开路电压与一个全片电池的相同。半片电池的数量增加了一倍，分成两部分后，每部分的电池数量与全片组件相同，而两部分并联后的电压和每个单独部分相同，因而总的输出电压相对于全片电池没有改变。

（2）半片电池因为只有常规电池的一半大小，因而每片电池的电流也只有常规电池的一

光伏组件制备工艺

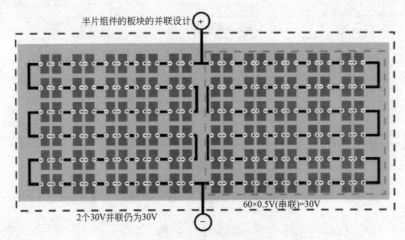

图 3-2-2　半片光伏组件按照并联方式连接

半。将版型设计为上下两部分并联，则输出电流又恢复到全片电池的电流值。

（3）半片电池的电阻只有全片电池的一半，因而并联的每一部分的电阻也只有全片电阻的一半。将只有一半电阻的两部分再并联，总的回路电阻只有全片电阻的 1/4 了。

（4）半片光伏组件与常规组件接线盒有所不同，一般采用三分体接线盒（参见图 3-2-3）。半片电池组件的电路连接如图 3-2-4 所示。

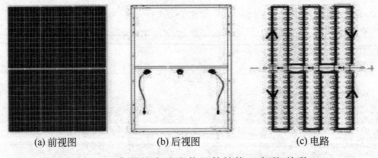

(a) 前视图　　　(b) 后视图　　　(c) 电路

图 3-2-3　常用的半片光伏组件结构（串联-并联）

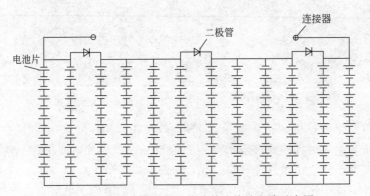

图 3-2-4　半片光伏组件电池片的连接处电路示意图

在工艺上，半片组件工艺变得更简单。由于电池片数量增加一倍，电池串联焊接的时间也会增加一倍，难点是汇流带引出线从组件背面中间引出。如果靠人工操作，会提高引出线处的电池裂片或隐裂的风险。目前半片组件中间出线版型的汇流带焊接自动化难题已经被攻克,在一定程度上也促进了半片电池组件的快速发展。

二、半片光伏组件的优势

半片电池组件与传统组件相比,由于减少了内部电路和内耗,因此封装效率提高。此外,组件工作温度降低,热斑形成概率大大降低,提高了组件的可靠性和安全性。在阴影遮挡方面,由于其独特的设计,比常规组件表现出优秀的抗遮挡性能。

(1) 更低的封装损失　由于减少了内部电流和线路电阻,因此消耗在内部回路上的内损耗也降低了。功率损耗与电流成正比,一半的电流和1/4的电阻让半片组件的功率损耗降低为原来的1/16,相应的输出功率和发电量也就增加了。即便不是采用两部分并联,而是将所有半片电池连接起来就像标准的太阳电池板一样工作,则电流只有一半,但电阻相同,功耗也只有原来的1/4。

(2) 减少电流失配损失　在同等电流失配条件下,当低电流半片在同一串内时,失配损失是常规版型的一半。

(3) 降低组件工作温度　由于内损耗降低,组件及接线盒的工作温度也下降。在组件户外工作状态下,半片组件自身温度比常规整片组件的温度低1.6℃左右。更低的温度让组件具有更高的光电转换效率。实测数据表明,更低的工作温度有利于组件发电量提升。当环境温度为35℃时,半片组件的工作温度比常规组件的温度低2.5℃以上。实测半片每瓦发电量较常规组件提高了4.64%。

(4) 阴影容差降低了热斑风险　半片面板比标准太阳能组件能更好地免受阴影的影响。半片组件不像标准组件那样具有3个面板电池串,而是具有6个电池串,使其成为6串电池板。尽管组件上的一小部分阴影(树叶、鸟粪等)会使整个电池串失效,但因为旁路二极管的设计(图3-2-5中的中间位置),所以该串不会影响其他电池串,这降低了阴影的影响。6个独立的电池串有3个旁路二极管,提供了更好的局部阴影耐受性。即便组件的一半被阴影遮挡,另一半仍然可以工作。

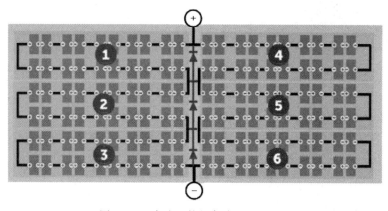

图3-2-5　半片组件的旁路二极管设计

(5) 低电流降低了热斑温度　半片电池可在系统中分配内部电流,并改善其性能、寿命和阴影耐受性。当组件中的一个电池串的某一片电池被遮蔽时,该片电池就会在回路中形成一个热斑,持续的高温可能会损坏组件。由于半片组件电池串的数量是原来的两倍,因此热斑处的热量只有原来的一半(图3-2-6)。较低的热量对组件造成的损害也较小,因此可以提高抗热斑损坏的能力,并提高组件的使用寿命。

（6）阴影容差减少功率损耗　在一个光伏阵列中，一般将多块组件串联在一起，再和别的子串并联。电流在同一子串中依次流入流出每一块串联的组件。对于传统的组件版型设计，一旦某一块组件因阴影的各种原因出现功率损失，就会影响该子串的所有组件。

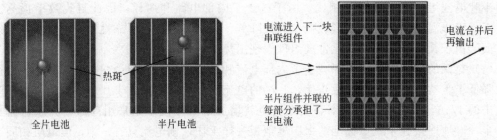

图 3-2-6　全片电池与半片电池的热斑比较　　　　图 3-2-7　半片光伏组件的电路及电流

而在图 3-2-7 的半片组件中，旁路二极管限制了阴影部分而不是整个组件的功率损耗，它为电流在非阴影部分中的流动创建了一条替代路径，并避免了电流通过阴影部分，以减少阴影的影响并提高其性能。

半片电池能增加发电量，但其系统设计与全片组件相近，没有增加安装成本，从而确保了更低的 LCOE。激光切割技术的改进让半片电池的切割缺陷几乎忽略不计。

三、典型半片光伏组件的版型图

图 3-2-8 为中间出线半片电池组件版型，适用于半片 72 系列九栅晶体硅太阳电池组件的工艺和生产。从组件的背面看，三分体接线盒位于组件纵向的中部。图 3-2-9 为 182 半片 144 大间距版型-2279×1134×35 组件总装图。

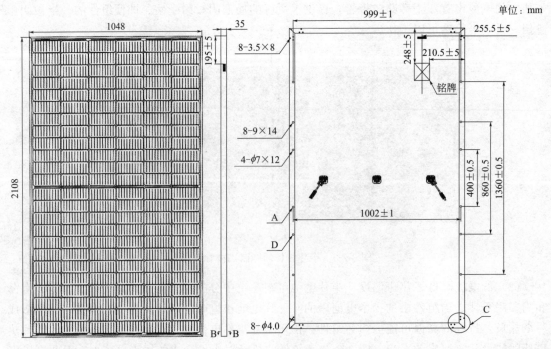

图 3-2-8　中间出线半片电池组件成品图纸

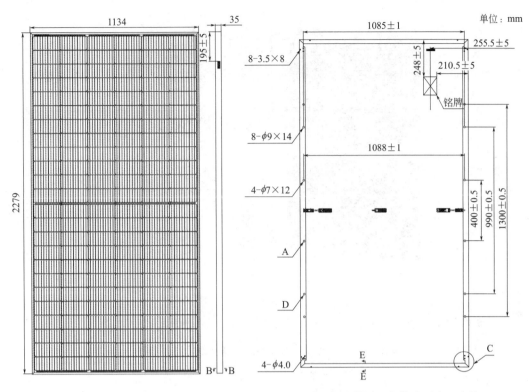

图 3-2-9 182半片144大间距版型-2279×1134×35 组件总装图（安装孔不在一直线）

另一种具有代表性的两端出线版型的半片组件如图3-2-10所示，电池串沿组件短边方向排列，并且接线盒位于组件的长边或短边。和常规光伏组件出线版型类似的半片光伏组件如图3-2-11和图3-2-12所示。

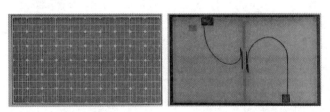

图 3-2-10 两端出线半片电池组件版型

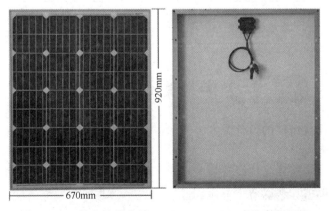

图 3-2-11 单个接线盒的920mm×670mm半片光伏组件

图 3-2-12　单个接线盒的 1640mm×990mm 半片光伏组件

各个规格的半片组件产品基础技术设计示例如表 3-2-1 所示。

表 3-2-1　各规格的半片组件产品基础技术设计示例

序号	类别	规格型号	版型尺寸/mm	对应功率范围/W	备注1	备注2
1	半片组件	单玻多晶半片 120P	1678×992	295～305	白膜+高效焊带,157,19.0～19.7	
2		单玻单晶半片 120P	1700×1002	330～340	白膜+高效焊带,158.75,21.6～22.2	
3		单玻多晶半片 144P	2000×992	350～360	白膜+高效焊带,157,19.2～19.5	
4		单玻单晶半片 144P	2022×1002	395～405	白膜+高效焊带,158.75,21～22.2	
5		双玻多晶半片 120P	1683×1000	290～300	157,19.0～19.7	
6		双玻单晶半片 120P	1705×1010	325～335	158.75,21.4～22.2	
7		双玻多晶半片 144P	2008×1000	350～360	157,19.3～19.8	
8		双玻单晶半片 144P	2030×1010	395～405	158.75,21.8～22.2	
9		单玻多晶半片贴膜 120P	1678×992	300～310	白膜,157,19.2～19.8	
10		单玻单晶半片贴膜 120P	1700×1002	335～345	白膜,158.75,21.6～22.2	
11		单玻多晶半片贴膜 144P	2000×992	355～365	白膜,157,19.2～19.7	
12		单玻单晶半片贴膜 144P	2022×1002	400～410	白膜,158.75,21.7～22.2	

任务三　半片光伏组件的制作

本任务以半片光伏组件的设计图纸为基础，开始制作光伏组件。半片光伏组件的制作工艺流程如图 3-3-1 所示。

具体的工艺步骤与层压光伏组件基本相同，不同之处在于半片光伏组件的制作需要使用激光划片机将标准电池片切成两个半片。

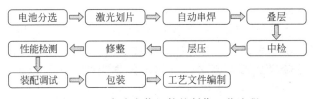

图 3-3-1 半片光伏组件的制作工艺流程

【任务单】

1. 复习项目一必备知识中的激光划片工艺、焊接工艺、滴胶工艺;复习项目二的必备知识中的太阳电池分选、叠层铺设、层压、修边、装边框、安装接线盒、清洗工艺;学习本任务必备知识中的光伏组件的封装材料、半片光伏组件批量化生产工艺。
2. 按照下表清单指引,依次完成学生工作手册中的表格要求内容。
3. 准备工具和材料,动手制作层压半片光伏小组件,最终完成层压半片光伏组件的制作。

需要按照顺序依次完成的学生工作手册表格清单如下:

序号	工作手册表格名称	是否完成
1	3-3-1 半片光伏组件的制作信息单	是□ 否□
2	3-3-2 半片光伏组件的制作计划单	是□ 否□
3	3-3-3 半片光伏组件的制作记录单	是□ 否□
4	3-3-4 半片光伏组件的制作报告单	是□ 否□
5	3-3-5 半片光伏组件的制作评价单	是□ 否□

能量小贴士

"锲而舍之,朽木不折;锲而不舍,金石可镂。"——屈原《离骚》。产品的质量是企业生存的根本。我们做事情要持之以恒,不轻言放弃。半片光伏组件的生产工艺涉及的工序较多,即便每一步产品合格率是98%,经过9道工序后,最终产品的合格率只有83.4%。只有追求每道工序更高的合格率,才能保证最终产品有更高的合格率。

【必备知识】

一、光伏组件的封装材料

光伏组件的封装材料包括面板玻璃、EVA 胶膜、背板材料、铝合金边框和有机硅胶等。不同的封装材料以及封装材料的规格参数都会对光伏组件的性能产生重大影响。了解这些光伏组件封装材料的性能特点,储存、使用要点,以及检验项目的内容和方法,能够对选取光伏组件的材料、创新光伏组件封装工艺奠定基础。

(一)面板玻璃

太阳电池组件的钢化玻璃是光伏产业链中的一环,属于太阳电池组件原材料的范畴,主要依附于太阳电池的发展而发展。从目前光伏技术的发展趋势来看,晶体硅太阳电池组件、非晶硅薄膜太阳电池组件和光伏建筑一体化工程对钢化玻璃的使用要求越来越高。

光伏玻璃的主要成分是二氧化硅，其主要是起网络形成体的作用，所以其用量占玻璃组分中的一大半；第二大成分是纯碱，主要提供氧化钠，可以降低玻璃的熔制温度；再者是石灰石，即碳酸钙和氧化镁，它们的主要作用是将玻璃的黏度调整为一个合适的值，使玻璃成型时间缩短或延长，以满足成型的要求；其还引入氧化铝原料，以提高玻璃的物理化学性能，如强度、化学稳定性等；最后是碳和芒硝，两个联合使用，主要作为澄清剂，以排除玻璃中的气泡，使玻璃中的气泡尽量少，从而提高玻璃的透光率。

1. 面板玻璃的性能要求

用作光伏组件封装材料的钢化玻璃，对以下几点性能有较高的要求：

（1）抗机械冲击强度。

（2）表面透光性。

（3）在太阳电池光谱响应的波长范围（320～1100nm）内透光率达91%以上，且对于大于1200nm的红外线有较高的反射率。此玻璃同时能耐太阳紫外线的辐射，透光率不下降。

（4）弯曲度。

（5）外观。

（6）玻璃要清洁无水汽，不得裸手接触玻璃两表面。

对于面板玻璃，主要关注其光学性能，包括透射率、反射率、遮蔽系数等。此外要关注安全性能，包括抗冲击性能、碎片状态等。不同类型面板玻璃的主要性能参数及应用范围如表3-3-1所示。面板玻璃的光学性能如图3-3-2所示，钢化颗粒度如图3-3-3所示。

表3-3-1　不同类型面板玻璃的主要性能参数及应用范围

性能参数	绒面玻璃	光面玻璃	增透镀膜玻璃
可见光透射率/%	91.68	91.86	96.07
可见光反射率/%	7.93	7.51	1.03
太阳光直接透射率/%	91.81	91.88	96.07
太阳光直接反射率/%	7.63	7.64	—
太阳光直接吸收率/%	0.94	0.94	
紫外线透射率/%	86.01	85.03	
太阳能总透射率/%	91.93	92.01	96.09
遮蔽系数	1.03	1.03	—
检验标准	GB/T 2690—2021《建筑玻璃　可见光透射比、太阳光直接透射比、太阳能总透射比、紫外线透射比及有关窗参数的测定》		
钢化颗粒度	在5cm×5cm范围内不少于40粒		
钢化玻璃的平整度	在0.1%以内		
应用范围	光伏组件、太阳能热水器、太阳能集热器、温室大棚等	太阳能薄膜电池组件、太阳能光电幕墙、聚集型太阳电池组件、太阳能夹胶玻璃组件和中空玻璃组件、太阳能平板集热器、LED灯具等	

注：1.遮蔽系数是指玻璃遮挡或抵御太阳光能的能力，英文为Shading Coefficient，缩写为SC，在我国GB/T 2680中其被称为遮蔽系数，其定义是指太阳辐射总透射比与3mm厚普通无色透明平板玻璃的太阳辐射的比值。遮蔽系数越小，阻挡阳光热量向室内辐射的性能越好。绒面（或光面）玻璃的遮蔽系数较高，约为1.03，应理解为此玻璃能透过的太阳热量是标准3mm白玻璃透过热量的103%。

2.钢化颗粒度是指玻璃破碎后形成的颗粒的粗细程度。

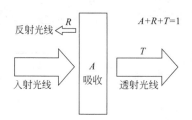

有减反膜的面板玻璃的光吸收和光反射

图 3-3-2　面板玻璃的光学性能

图 3-3-3　钢化颗粒度示意

2. 面板玻璃的储存与使用要点

（1）避光、防潮，平整堆放，用防尘布覆盖。

（2）最佳储存条件：恒温干燥的仓库，温度为 25～30℃，相对湿度为 45%。

（3）面板玻璃表面要清洁无水汽，不得裸手接触玻璃表面。

（4）面板玻璃可采用木箱、纸箱或集装箱包装，每箱宜装同一厚度、同一尺寸的玻璃。

（5）玻璃与玻璃之间、玻璃与箱之间应采取防护措施，防止玻璃破损和玻璃表面被划伤。

（6）面板玻璃在搬运和清洗过程中应轻拿轻放，注意安全。

（7）面板玻璃表面不能接触硬度较高的物品，以防划伤。

（8）不要用报纸擦拭玻璃。

（9）擦拭玻璃时最好用吸湿性较好且不产生碎屑的干布蘸无水乙醇进行擦拭。

3. 面板玻璃在使用中遇到的问题

（1）钢化玻璃的自爆。

（2）非晶硅玻璃层和后沿导线的断裂。

（3）顶棚玻璃受到日晒和积雪等环境载荷而发生性能退化和强度衰减。

（4）建筑构件的老化和坠落风险。

（5）减反膜（AR 膜）的脱落。

4. 面板玻璃的检验

目前光伏面板玻璃没有相应的统一标准可以参照。国内外的相关企业一般自行制定自己的企业标准用于生产控制和检验。光伏面板玻璃的一般检测内容如表 3-3-2 所示。

表 3-3-2　光伏面板玻璃的一般检测内容

项目	内容
一般性能	外观质量
	尺寸（长度、宽度、厚度、对角线）及允许偏差
	弯曲度
光学性能	可见光透射比
	太阳光直接透射比
	铁含量

续表

项目	内容
安全性能	抗冲击性能
	碎片状态
	耐热冲击性能

面板玻璃的外观质量、尺寸、机械强度、钢化颗粒度、弯曲度等的检验工具及方法如表 3-3-3 所示。

表 3-3-3　面板玻璃的主要性能的检验工具及方法

检验项目	检验工具	检验方法
外观质量检验		目测及手感。需要时，可使用钢卷尺、千分尺、塞尺、平台及直尺测量缺陷长度。依据 GB/T 2828.1—2003《二次抽样方案》按箱进行抽检
尺寸检验	使用钢卷尺和千分尺测量	用钢卷尺测量钢化玻璃的长度、宽度和对角线；用千分尺测量厚度，与图纸或"技术协议"、国家标准比较，看其是否符合要求
机械强度检验	使用 1040g 且表面光滑的小钢球以及钢卷尺测量	用物品（如对应的铝型材）将钢化玻璃样品撑起，然后将 1040g 的小钢球放在距试样表面 1000mm 的高度，使其自由落下进行冲击试验。冲击点在距试样中心 25mm 的范围内。对每块试样在同一位置上的冲击仅限 1 次，以观察其是否被破坏
钢化颗粒度检验	使用冲击笔和胶带进行试验	① 将玻璃平放在箱体内，边缘四周固定，在玻璃的最长边中心线上的距离周边 20mm 左右的位置处，用冲击笔进行冲击 ② 在冲击玻璃破碎后 10s～3min 内对样品碎片进行计数。碎片计算时应去除距离冲击点 80mm 及距边缘 20mm 范围内的碎片。取样品中碎片最大的部分，在这部分中用 50mm×50mm 的方框计算框内的碎片数，横跨方框边缘的碎片按 1/2 个碎片计数
弯曲度检验	使用钢板尺和塞尺进行试验	① 将试样在室温下放置 4h 以上。测量时把试样垂直立放，并在其长边下方的 1/4 处垫上 2 块垫块 ② 用一直尺或金属线水平地紧贴制品的两边或对角线方向，用塞尺（图 3-3-4）测量直线边与玻璃之间的间隙，并以弧的高度与弦的长度之比的百分率来表示弓形时的弯曲度（图 3-3-5） ③ 在进行局部波形测量时，用一直尺或金属线沿平行玻璃边缘 25mm 的方向进行测量，测量长度为 300mm。用塞尺测得波谷或波峰的高度，并除以 300mm，得到的百分率表示波形的弯曲度

图 3-3-4　塞尺

面板玻璃的其他性能的检测标准与测试方法如表 3-3-4 所示。

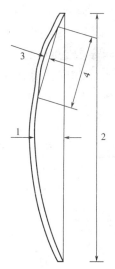

图 3-3-5　面板玻璃的弯曲度检测示意

1—弓形变形；2—玻璃边长或对角线长；3—玻璃形状变形；4—300mm

表 3-3-4　面板玻璃其他性能的检测标准和测试方法

检验项目	标准要求	检测标准
透光率(350～1800nm)	≥91%	ISO 9050—2003
耐热冲击性	温差不被破坏	
湿热试验	1000h 后，不允许出现泛碱、变色、白斑等任何影响光线透过的现象	IEC 61215—2005，IDT10.13
耐风压性能	≥5400Pa	IEC 61215—2005，IDT10.13

（二）EVA 胶膜

目前，晶体硅太阳能电池的主要封黏材料是 EVA，它是乙烯与醋酸乙烯酯的共聚物，其化学式结构如图 3-3-6 所示。

EVA 胶膜是一种受热会发生交联反应，形成热固性凝胶树脂的热固性热熔胶。图 3-3-7 所示为 EVA 发生交联反应的示意图。常温下其无黏性而具抗黏性，方便操作，经过一定条件热压便发生熔融黏结与交联固化，并变得完全透明。长期的实践证明，它在太阳电池封装与户外使用均获得相当令人满意的效果。

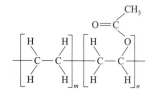

图 3-3-6　EVA 的化学结构

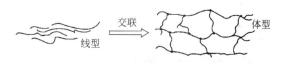

图 3-3-7　EVA 发生交联反应示意

EVA 胶膜在未层压前是线性大分子，当受热时，发生交联反应。交联剂分解，形成活性自由基，引发 EVA 分子间反应形成网状结构，从而提高 EVA 的力学性能、耐热性、耐溶剂性和耐老化性。

固化后的 EVA 具有弹性，将太阳电池组包封，并和上层保护材料玻璃、下层保护材料

［例如聚氟乙烯复合膜（TPT）］，通过真空层压技术黏合为一体。另外，它和玻璃黏合后能提高玻璃的透光率，起到增透的作用，从而提高光伏组件的输出功率。

1. EVA 的主要组成分与主要性能参数之间的关系

EVA 胶膜主要由 EVA 主体、交联剂体系（包括交联引发剂和交联剂）、阻聚剂、热稳定剂、光稳定剂、硅烷偶联剂等组成。EVA 的主要成分对 EVA 性能的影响如表 3-3-5 所示。

表 3-3-5 EVA 的主要成分对其性能的影响

名称	对性能的影响
VA 含量	VA 含量越高，流动性越大，软化点越低，黏结性能越好，极性越大
分子量及分布	分子量越高，流动性越差，整体力学性能越好
交联剂体系	决定 EVA 的固化温度与固化时间。好的交联剂体系可以降低气泡产生的可能性，同时残留的自由基少，可减少不稳定因素
阻聚剂	主要用来延缓交联反应的时间，有利于抽真空时气泡的排除
抗氧剂	提高 EVA 的抗氧化性能
光稳定剂	提高 EVA 的耐紫外黄变，捕捉自由基，并延缓 EVA 老化
硅烷偶联剂	提高 EVA 与玻璃的黏结强度

2. EVA 胶膜的技术要求

在光伏组件中存在上下两层 EVA。上层的 EVA 胶膜不仅要求具有较高的透光率（0.5mm 厚胶膜在 400～1100nm 波长范围内的透光率应大于 91%）以及较高的抗紫外线和抗热辐射性，还需要具有良好的绝缘性能、耐温度交变性（-60～90℃）以及可靠的黏结性。下层的 EVA 胶膜除具有上述性能外，还需要具有良好的导热性，以便将硅电池片上积聚的热量尽快消散，避免硅电池光电转化效率较快地下降。有资料表明，温度的升高会导致电池效率的下降。在没有考虑电池冷却的情况下，太阳电池的工作温度可达到 70℃ 或更高，此时电池的实际功率将比标准条件下的功率减少 18%～29%。EVA 的主要性能指标如表 3-3-6 所示。

表 3-3-6 EVA 的主要性能指标

性能	指标	性能	指标
玻璃化转变温度/℃	<-40	成型温度/℃	<170
工作温度/℃	-40～90	UV 吸收和可降解性	对 350nm 以上波段不敏感
模量/MPa	<20.7	厚度/mm	0.1～1.0
可水解性	80℃、相对湿度 100%，仍不水解	气味、毒性	无
抗热氧化性	85℃ 以上稳定	绝缘电压/V	>600

3. EVA 胶膜的储存与使用要点

（1）储存温度为 5～30℃，相对湿度小于 60%，避光，远离阳光照射，远离热源，防尘、防火。

（2）完整包装储存时间为半年，拆包后储存时间为 3 个月。应尽快使用，并把未使用完的产品按原包装或同等包装重新封装。

（3）不要将脱去包装的整卷胶膜暴露在空气中。分切成片的胶膜如果不能当天用完，应遮盖紧密,并重新包装好。

(4) 不要裸手接触 EVA 胶膜表面,注意防潮防尘,并避免其与带色物体接触。

(5) EVA 胶膜在收卷时会轻微拉紧,因此在放卷裁切时不要用力拉。裁切后放置半小时,让胶膜自然回缩后再用于叠层。

(6) 在裁切和铺设 EVA 胶膜的过程中,最好设置除静电工序,以消除组件内各部件中的静电,从而确保封装组件的质量。

4. 常见的 EVA 失效方式

常见的 EVA 的失效方式有发黄、气泡、脱层等,如表 3-3-7 所示。

表 3-3-7 常见的 EVA 的失效方式

序号	失效方式	原因
1	发黄	EVA 发黄由两个因素导致(主要是添加剂体系相互反应发黄;其次 EVA 自身分子在氧气和光照条件下,EVA 分子因自身脱乙酰反应导致发黄),所以 EVA 的配方决定其抗黄变性能的好坏
2	气泡	气泡包括两种:层压时出现气泡和层压后使用过程中出现的气泡。层压时出现的气泡与 EVA 的添加剂体系、其他材料与 EVA 的匹配性以及层压工艺均有关系;导致层压后出现气泡的因素众多,一般是由材料间匹配性差导致
3	脱层	EVA 胶膜与背板脱层的原因是交联度不合格以及与背板黏结强度差;EVA 胶膜与玻璃脱层的原因是硅烷偶联剂缺陷、玻璃脏污、硅胶封装性能差、交联度不合格

5. EVA 胶膜检验

EVA 胶膜对于光伏组件的最终性能至关重要,因此对 EVA 胶膜的性能需要做全面细致的检验,尤其是对 EVA 交联度的检验。

(1) EVA 胶膜的主要检验项目 EVA 胶膜的主要检验项目包括包装、外观、尺寸、厚度均匀性、剥离强度、交联度等。表 3-3-8 给出了 EVA 胶膜的主要检验项目、检验内容和检测方法。

表 3-3-8 EVA 胶膜的主要检验项目

检验项目	检验内容	检测方法(使用工具)
包装	包装是否完好;确认厂家、规格型号以及保质期	目测
外观	检验 EVA 表面有无黑点、污点、褶皱、折痕、污迹、空洞等	目测
尺寸	宽度误差为±2mm;厚度误差为±0.02mm	使用游标卡尺和卷尺
厚度均匀性	取相同尺寸的 10 张胶膜称重后对比,最重和最轻胶膜质量之比不超过 1.5%	使用电子秤
剥离强度	EVA 与 TPT 的剥离强度:用壁纸刀在背板中间划开宽度为 1cm,然后用拉力计拉开 TPT 与 EVA,拉力大于 35N 为合格;EVA 与玻璃的剥离强度:方法同上,拉力大于 20N 合格	使用拉力计或万能试验机
交联度	剥离 TPT 绝缘层,取下 EVA 样品(质量大于 0.5g);网袋用无水乙醇清洗后烘干;将样品装入网袋并称重;用二甲苯萃取;烘干称重;按公式计算交联度	使用干燥箱、电子天平、三口烧瓶、加热套、回流冷凝管等

(2) EVA 交联度的检验 交联度又称交联指数,它表征高分子链的交联程度,通常用交联密度或两个相邻交联点之间的数均分子量或每立方厘米交联点的摩尔数来表示。EVA 在层压工艺中由于加热黏结固化,部分 EVA 交联成凝胶。用溶剂二甲苯萃取样品中未交联

部分，进而进行交联度的测定。

EVA交联度可以用力学方法或平衡溶胀比法测得。采用力学方法测试的流程如图3-3-8和图3-3-9所示。

图 3-3-8 EVA交联度力学方法测试流程

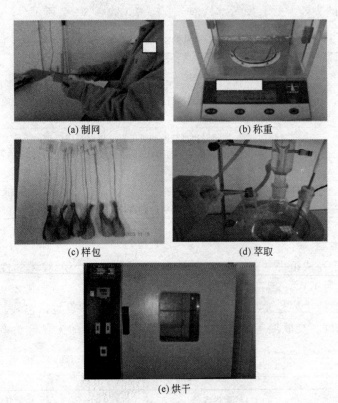

图 3-3-9 EVA交联度测试流程

交联度的计算公式为

$$交联度(\%) = [(W_3 - W_1)/(W_2 - W_1)] \times 100\%$$

式中，W_1为空网袋的重量；W_2为装有样品的网袋的重量；W_3为萃取、烘干后，去掉捆扎的铜丝和号码牌的网袋的重量。

（三）背板材料

背板材料是主要以氟塑料为外保护层的多层结构材料。氟塑料膜首先满足光伏组件的封装材料所要求的耐老化、耐腐蚀、不透气、抗渗水等基本要求。氟塑料膜为白色，用作背板材料，对入射到组件内部的光进行散射，以提高组件吸收光的效率，因此组件的效率略有提高。因其具有较高的红外发射率，还可降低组件的工作温度，也有利于提高组件的效率。

1. 背板材料的类型

背板材料有TPT、TPE、KPK、PET等不同的结构。各个字母代表的材料名称如表3-3-9所示。典型的背板材料结构如表3-3-10所示。不同背板材料的耐候性如图3-3-10所示。

表 3-3-9　背板材料的各个字母代表的材料汇总

字母	代表的材料
T	指杜邦公司的聚氟乙烯（PVF）薄膜，商品名为 Tedlar。现指所有氟塑料薄膜，如 PVDF、THV、ECTFE 薄膜等
K	指 Arkema 公司生产的 PVDF，专利商标名为 K（Kynar）
P	指 PET 薄膜——聚对苯二甲酸乙二醇酯薄膜（背板的骨架）
E	指 EVA（VA 含量较低），或者聚烯烃 PO
A	改性聚酰胺（简称 PA,Nylon），Isovolta 开发有 AAA 结构背板
F	指氟碳涂料、PTFE（聚四氟乙烯）涂料、PVDF（聚偏氟乙烯）涂料、FEVE（氟乙烯与乙烯基醚的共聚物）

表 3-3-10　典型的背板材料结构

背板材料	材料结构	典型供应商
TPT 结构	PVF/PET/PVF	伊索、台虹、凸版等
	PVDF/PET/PVDF	肯博、康威明、赛伍
TPE 结构	PVF/PET/EVA(PO)	Madico、台虹
	PVDF/PET/PO	东洋、海优威
	THV/PRT/EVA	3M
PET 结构	耐候 PET/普通 PET/PO	康威明、DNP
AAA 结构	改性 PA、改性 PA、改性 PA	伊索
涂层结构	交联型氟涂层/PET/氟涂层	哈氟隆
	氟涂层/PET/氟涂层	中来、联合新材
	氟涂层/耐候 PET/普通 PET/PO	企业开发中

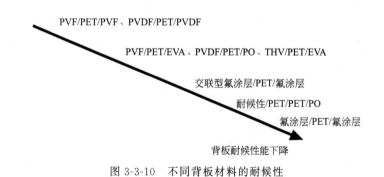

图 3-3-10　不同背板材料的耐候性

用于封装的背板材料至少应该有三层结构：外层保护层具有良好的抗环境侵蚀能力，中间层聚酯薄膜具有良好的绝缘性能，内层经表面处理而与 EVA 具有良好的黏结性能。TPT 背板膜及其结构如图 3-3-11 所示。TPT 是"薄膜（Tedlar）-聚酯（Polyster）-薄膜（Tedlar）"的复合材料的简称。Tedlar 是杜邦注册商标，是聚氟乙烯薄膜，用在组件背面，作为背面保护封装材料。TPE 背板膜结构如图 3-3-12 所示。

2. TPT 背板膜的性能

TPT 背板膜的主要性能包括力学性能、电学性能、耐候性能等，主要性能指标参数如表 3-3-11 所示。

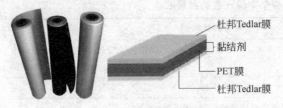
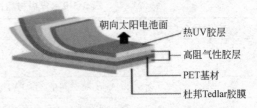

图 3-3-11　TPT 背板膜及其结构示意图　　　　图 3-3-12　TPE 背板膜结构示意图

表 3-3-11　背板膜的性能指标参数

性能指标	参考值	性能指标	参考值
厚度/mm	0.18、0.23、0.35	失重(24h/150℃)/%	≤3
拉伸强度/(N·mm^{-1})	≥110	尺寸稳定性(0.5h/℃)/%	≤3
拉伸率/%	120~130	水蒸气透过性/(g·m^{-2}·d^{-1})	≤2.0
撕裂强度/(N·mm^{-1})	135~145	击穿电压/kV	≥17
层间剥离强度/(N·cm^{-1})	≥25	抗紫外线能力(60℃/1kW 紫外氙灯照 100h)	不变色,性能稳定
剥离强度/(N·cm^{-1})	≥20	使用寿命	25 年以上

(1) TPT 背板膜的储存与使用要点

① 避光、避热、防潮,平整堆放,不得使产品弯曲和包装破损。

② 最佳储存条件:恒温(20~25℃),恒湿(<60%)。避免阳光直射,远离热源,防尘、防火。

③ 背板保质期视不同材料而定,一般保质期为 12 个月,散装保存期不超过 6 个月。

(2) 常见的背板失效方式　常见的背板失效有自身结构缺陷造成的使用寿命短、有层间胶黏剂缺陷、EVA 黏结层缺陷等,具体如表 3-3-12 所示。

表 3-3-12　常见的背板失效方式

序号	失效方式	失效原因
1	背板自身结构缺陷	使用年限不达标(表现为 PET 脆化、发黄,背板破裂,如纯 PET 结构组件一般使用年限不超过 10 年)
2	层间胶黏剂缺陷	背板层间分层(涂胶工艺稳定性问题,或层间胶黏剂黏结强度不够,或层间剥离力老化衰减快)
3	EVA 黏结层缺陷	脱层(表面处理问题,EVA 质量问题,交联度不达标)、发黄(材料不耐老化,如东洋 PVDF+W-PET+V-PET+LE 的 LE 层容易老化发黄)

(3) 背板的检测　背板的材质决定了组件的使用年限,因此需要对 TPT 背板的性能做相关检验,以检测其可靠性。主要的检测项目如表 3-3-13 所示。背板的主要性能的测量方法如表 3-3-14 所示。

表 3-3-13　TPT 背板检测项目

评价指标	检测项目	检测方法	检测工具
外观	尺寸、瑕疵	符合进料检验作业指导书的要求	目测、尺
力学性能	抗拉强度/断裂伸长	按照 GB/T 1040 测试要求进行测试	万能试验机
电学性能	击穿电压	按照 GB/T 1408 测试要求进行测试	电压击穿试验机

续表

评价指标	检测项目	检测方法	检测工具
收缩率	二维尺寸稳定性	150℃,30min,测量背板二维尺寸的变化	恒温箱
透水率	透水率测试	按照 ISO 15106-1 测试要求测试	透水率测试仪
黏结性能	与EVA/硅胶的剥离强度;层间剥离强度	按照 GB/T 2791 测试要求测试背板间剥离力最薄弱层,要求其达到指标值	拉力计、万能试验机
可靠性	参考 IEC 相关标准	可靠性测试主要是针对材料变更或定期检测;对于所列背板的测试项目,可以根据实际情况选测	

表 3-3-14 背板主要性能的测试方法

检测项目	检测方法	要求
TPT背板力学性能	材料的力学性能是指材料在不同环境(温度、介质、湿度)下,承受各种外加载荷(拉伸、压缩、弯曲、扭转、冲击、交变应力等)时所表现出的力学特征。应力-应变实验是最广泛、最重要、最实用的材料力学性能测试实验 ① 大多采用拉伸方式,并采用万能试验机进行试验,如图 3-3-13 所示 ② 以某一给定的应变速率对试样施加负荷,直到试样断裂。图 3-3-14 和图 3-3-15 为不同情况下的应力-应变曲线	以某一给定的应变速率对试样施加负荷,直到试样断裂
层间剥离强度	① 先将背膜裁成 1cm×50cm 的尺寸 ② 将背膜各层剥离,然后将上述条状背膜与EVA玻璃按照一定的层压工艺黏合在一起,制成小样品 ③ 用拉力计以与玻璃面成 180°的方向,以 30cm/min 的速度测量各层之间的拉力 层间剥离强度测试如图 3-3-16 所示	各层的层间黏结力大于 1N/cm
与EVA之间的黏结力	① 准备两张相同尺寸(大于 300mm×400mm)的EVA样品,一块布纹钢化玻璃以及一张目标背膜 ② 按照"玻璃/EVA/EVA/背膜"的叠层顺序和一定的层压工艺进行层压和固化 ③ 将上述样品冷却后用刀片在背膜表面划出两条细槽,间距为 10mm,以形成一宽度为 10mm 的背膜条 ④ 用刀片将背膜条一端的端口铲离 EVA 面,然后用拉力计以与玻璃面成 180°的方向,以 30cm/min 的速度拉扯背膜条,并记录数据 TPT 与 EVA 之间的黏结力测试如图 3-3-17 所示	黏结强度大于 20N/cm
与硅胶之间的黏结力	① 在一平板上(如铝合金平板)涂覆尺寸为 1cm×50cm 的硅胶 ② 在硅胶的上表面粘上预先裁好的尺寸为 1cm×50cm 的背膜 ③ 待硅胶完全固化以后,用拉力计以与水平面成 180°的角度,以 30cm/min 的速度拉背膜,并记录数据	黏结力大于 30N/cm
收缩率	将一片尺寸为 300mm×400mm 的 TPT 背板膜放于清洁的平面玻璃上,然后放入温度为 150℃的烘箱中持续烘烤 30min。取出冷却后重新测量尺寸,计算收缩率,如图 3-3-18 所示	① 横向收缩率小于1%。 ② 纵向收缩率小于 1.5%
局部放电电压	① 用待测背膜按照公司常规工艺制作组件一块 ② 利用高压测试仪测试上述组件的耐高压特性	耐高压必须大于 1000V
湿热老化测试	① 将待测样品背膜与目标玻璃、EVA 按照一定的层压固化工艺进行层压固化,制成小样品 ② 将样品放入高低温试验老化箱,设定老化条件为:85℃、85%RH ③ 持续老化 1000h,其中,每到 500h 便取出并观察一次实验样品的状况并做好记录 ④ 1000h 后取出,分别检验湿热老化后的外观以及与EVA间的黏结强度	① 外观无黄变,无脆化,无龟裂 ② 与老化前相比,黏结强度衰减必须小于 50% ③ 反射率衰减必须小于 10%

续表

检测项目	检测方法	要求
紫外老化测试	①用待测背膜样品与目标EVA、玻璃按照一定的层压固化工艺制成小样品一块 ②将样品放入紫外老化箱载物台上 ③调节紫外辐照参数：波长为280～385nm的紫外线，强度不超过250W/m² ④使样品所受的总辐照量不少于15kW/(h·m²)，其中，280～320nm波长的辐射至少为5kW/(h·m²)	所测样品不黄变，不发脆，不龟裂

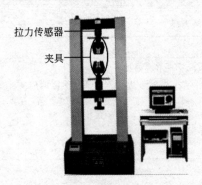

图 3-3-13 万能试验机

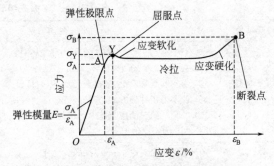

图 3-3-14 某高聚物的应力-应变实验曲线

ε_A—弹性极限应变；σ_A—弹性极限应力；ε_B—断裂伸长率；σ_B—断裂强度；σ_Y—屈服应力

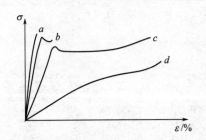

图 3-3-15 不同材质的试样的应力-应变实验曲线

180°剥离法的样品

图 3-3-16 层间剥离强度测试示意图

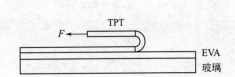

图 3-3-17 TPT与EVA之间的黏结力测试示意图

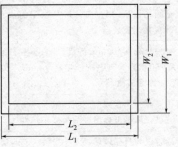

横向收缩率 $= \dfrac{|L_1-L_2|}{L_1} \times 100\%$

纵向收缩率 $= \dfrac{|W_1-W_2|}{W_1} \times 100\%$

图 3-3-18 TPT背板收缩率计算示意图

（四）有机硅胶

有机硅胶的全称为有机硅橡胶密封胶，简称硅胶。

1. 有机硅胶的类型

有机硅胶可以分为中性单组分和双组分两种类型，如表 3-3-15 所示。其固化机理如图 3-3-19 所示。

表 3-3-15 有机硅胶的种类

类型	特性	固化机理	用途
单组分有机硅胶	是一种类似软膏的材料	接触空气中微量的水分而发生缩合反应固化成一种坚韧的橡胶类固体材料，同时释放出微量小分子（≤3×10^{-6}）。单组分胶＋空气中的水汽 ⟶ 固化的胶＋小分子物质	用于组件和铝合金边框及接线盒黏结密封
双组分有机硅胶	指硅胶分成 A、B 两组，任何一组单独存在都不能发生固化，但两组胶浆一旦混合就发生固化	A 组分＋B 组分 ⟶ 固化的胶＋小分子物质	用于接线盒灌封

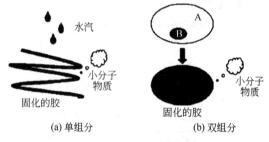

图 3-3-19 单组分和双组分有机硅胶的固化机理

单组分和双组分有机硅胶的对比如表 3-3-16 所示。单、双组分有机硅胶的性能特点和质量要求如表 3-3-17 所示。

表 3-3-16 单组分和双组分有机硅胶的对比

单组分	双组分
与空气中的水反应固化，需要有足够的能与空气接触的表面，太深则固化不了	无须与空气中的水反应即可固化，可以在密闭情况下固化，也可以深层固化
固化比双组分慢，速度不可调，易受环境温度、湿度影响	固化速度快，速度可调，环境温度对其有一定的影响，但湿度对其影响小
单包装，胶枪施工，不需要其他复杂设备	需专门设备才能施工，设备使用不当易出问题

表 3-3-17 单、双组分有机硅胶的特点和质量要求

类型	性能特点	质量要求
中性单组分有机硅密封胶	(1)室温中性固化，深层固化速度快 (2)密封性好 (3)耐高温，耐黄变，在高温高湿环境下与各类 EVA 有良好的相容性 (4)良好的耐变性能力 (5)良好的耐候性 (6)良好的绝缘性能	(1)外观要求 (2)压流黏度 (3)指干时间 (4)拉伸强度及伸长度 (5)剪切强度

续表

类型	性能特点	质量要求
双组分有机硅密封胶	(1)室温固化,固化速度快,加热可快速固化,固化时不发热、无腐蚀、收缩小 (2)在很宽的温度范围内(−60～250℃)保持橡胶弹性,电性能优异,导热性能好 (3)防水防潮,化学性能稳定,耐化学腐蚀,耐变黄,耐气候老化25年以上 (4)与塑料、橡胶等材料的黏附性好,符合环保要求	(1)固化前的外观要求:白色流体,A、B组分黏度适宜 (2)操作性能:可操作时间为20～60min,初步固化时间为3～5h,完全固化时间不超过24h (3)固化后的指标:硬度、导热系数、介电强度、体积电阻率、线膨胀系数

2. 有机硅胶的储存及注意事项

应储存在干燥、通风、阴凉的仓库内,避光、避热(温度20～25℃)、防潮。在25℃以下的储存期约为1年。

注意事项:
(1) 长期浸水的地方不宜施工。
(2) 不与会渗出油脂、增塑剂或溶剂的材料相溶。
(3) 结霜或潮湿的表面不能黏合。
(4) 在完全密闭处无法固化(单组分,需空气中的水分固化)。
(5) 基材表面不干净。

3. 有机硅胶的检验

有机硅胶的检验项目如表3-3-18所示。其主要的测试方法及要求如表3-3-19所示。

表3-3-18 有机硅胶检验项目

检验项目	检验内容	检测方法(使用工具)
包装	包装是否完好;确认厂家、规格型号以及保质期	目测
外观	在明亮的环境下,将产品挤成细条状进行目测,产品应为细腻、均匀的膏状物或黏稠液体,无结块、凝胶、气泡,颜色一般为白色或乳白色,无刺激性气味	目测
指干时间	将有机硅胶用胶枪挤在实验板上成细条状,立即开始计时,直到用手指轻触胶条而不粘手指为止。从挤出到不粘手所用的时间为10～30min	使用胶枪、实验板、计时表
延伸率	在实验板上挤出一条硅胶,待其完全固化后(记录固化时间、硅胶粗细、原始长度、拉伸后的长度)进行拉伸,测试结果,拉伸值应不小于300%	使用直尺
黏结强度	在不同的背板上各挤出3条硅胶,固化后观察黏结情况(用拉力计检测),拉力应大于10N	使用拉力计
流动性	记录在一定的压力下挤出硅胶所需时间	使用计时器
固化时间	在实验板上挤出一条硅胶,通过观察其横截面的情况,判定硅胶全干时所需的时间	使用计时器,目测

表3-3-19 有机硅胶的主要检验项目的测试方法及要求

检验项目	测试方法	测试要求
流动性	(1)将产品在标准试验条件下放置4h以上。标准试验条件:温度为23℃±2℃,相对湿度为50%±5% (2)在0.3MPa的气源压力的推动下,用孔径为3.00mm的胶嘴挤出硅胶 (3)记录挤出20g产品所用的时间(s) (4)取3次实验数据的平均值作为试验结果	试验结果不小于7s/20g

续表

检验项目	测试方法	测试要求
固化时间	(1)将待测样品用硅胶枪挤出在一平板上 (2)挤出硅胶条状物的宽度约为1cm,厚度约为1cm,长度任意 (3)挤好硅胶后立即计时,每隔2h用小刀将胶条切断 (4)观察横截面的情况,核查硅胶是否已经全干 (5)从挤出到胶条横截面全干的时间即为固化时间	$T_{固化} \leqslant 24h$
拉伸强度	(1)将待测样品用硅胶枪挤出在一平板上 (2)挤出硅胶条状物的宽度约为1cm,厚度约为0.5cm,长度大于20cm (3)待上述硅胶完全固化后使硅胶从平板上脱离,然后用拉力计测试硅胶的抗拉强度	拉伸强度不小于0.7MPa
伸长率	(1)将待测样品用硅胶枪挤出在一平板上 (2)挤出硅胶的条状物宽度约为1cm,厚度约为0.5cm,长度大于20cm (3)待上述硅胶完全固化后使硅胶从平板上脱离,然后测量硅胶的初始长度 (4)将胶条紧靠直尺,双手从硅胶条的两端缓慢拉动胶条,直到将胶条拉断 (5)在拉断的瞬间记录胶条被拉伸的长度 (6)利用公式计算:伸长率=$(L_2-L_1)/L_1 \times 100\%$	伸长率不小于250%
黏结力	(1)用硅胶枪将硅胶挤出在需要测试的黏结面上,如太阳能玻璃、铝合金框、背膜等。硅胶的尺寸约为$20cm \times 1cm \times 0.5cm$ (2)在硅胶的上表面粘贴一张尺寸约为1cm宽的背膜材料 (3)待硅胶全部固化后测试硅胶与各黏结面的黏结力	黏结力不小于20N/cm
湿热老化测试	(1)将待测硅胶样品涂覆在目标玻璃、背膜和铝合金框上,硅胶的尺寸约为$20cm \times 1cm \times 0.5cm$ (2)待上述硅胶样品完全固化后将之放入高低温试验老化箱,设定老化条件为:85℃、85%RH (3)持续老化1000h,其中,每到500h便取出并观察一次实验样品的状况并做好记录 (4)1000h后取出,分别检验样品湿热老化后的外观,以及其与玻璃、背膜及铝合金之间的黏结强度	外观无黄变,无脆化,无龟裂;与老化前相比,黏结强度衰减必须小于50%
紫外老化测试	(1)将待测硅胶样品涂覆在一平板上,硅胶的尺寸约为$20cm \times 1cm \times 0.5cm$ (2)将样品放入紫外老化箱载物台上 (3)调节紫外辐照参数:波长为280～385nm的紫外线,强度不超过$250W/m^2$ (4)使样品所受的总辐照量不少于$15kW/(h \cdot m^2)$,其中,280～320nm波长的辐射至少为$5kW/(h \cdot m^2)$	所测样品不黄变,不发脆,不龟裂等

二、半片光伏组件的批量化生产工艺

企业自动化生产的半片光伏组件的制作工艺流程如图3-3-20所示。不同于常规组件的制备流程,制备半片光伏组件要比常规组件多一步工序,即太阳电池分选划片工序。

半片光伏组件制备具体的工艺步骤如下:

(1) 分选划片工序:用激光划片机将测试分选好的完整电池片均匀切成2份(图3-3-21)。

① 电池拆包分选:拆除太阳电池包装,将来料不良的电池挑选隔离,合格电池片分档使用(图3-3-22)。

② 太阳电池整片上料(图3-3-23):将合格电池正面朝下放入自动划片机上料盒内,再将上料盒放置于自动划片机入料口。

③ 自动划片:操作机台进行太阳电池划片(图3-3-24),过程中按要求检测半片太阳电池尺寸误差。

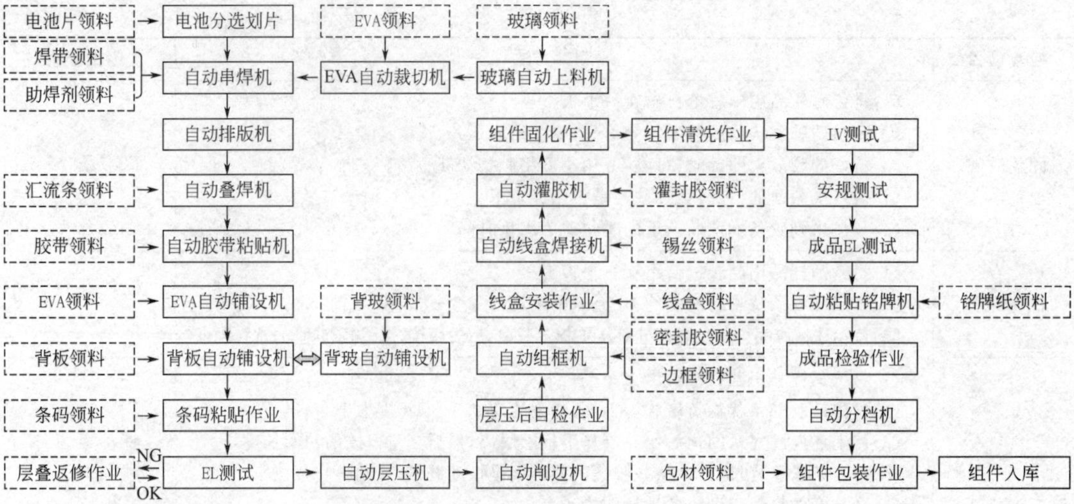

光伏组件制备工艺

图 3-3-20 半片光伏组件的自动化生产制作工艺流程

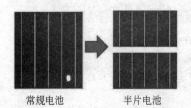

图 3-3-21 标准电池片被切成半片电池片

图 3-3-22 电池拆包分选

图 3-3-23 太阳电池整片上料

图 3-3-24 自动划片

④ 半片电池出料：在半片太阳电池达到设定数量后，从出料盒自动流出（图 3-3-25），将出料盒搬至桌面平放取料。

⑤ 半片电池存放：将出料盒内的半片电池取出整理平齐（图 3-3-26），并检测切割面平整度，再放入承载盒内存放；用输送推车送至焊接排版工序使用。

图 3-3-25 半片电池出料

图 3-3-26 半片电池存放

⑥ 太阳电池拉力测试：对自动串焊机焊接的电池片进行拉力测试（图 3-3-27），测试合格方可进行连续生产。

图 3-3-27　太阳电池拉力测试

图 3-3-28　玻璃自动上料

(2) 焊接排版工序

① 玻璃自动上料（图 3-3-28）：将玻璃包装拆除，放置于玻璃机上料位，机器人自动运行抓取上料。

② EVA 自动铺设（图 3-3-29）：玻璃流入裁切机自动裁切铺设 EVA。

③ 电池/焊带上料（图 3-3-30）：将承载盒内的半片电池正面朝上放入焊接机上料盒，再将上料盒放置于焊机入料口，并将焊带包装拆除，按要求安装于焊带上料轴承上，依次穿过焊带滚轮、压块和夹爪。

图 3-3-29　EVA 自动铺设

图 3-3-30　电池/焊带上料

④ 自动焊接（图 3-3-31）：操作机台进行焊接预热循环，将工装预热，待温度达标后操作焊机自动循环焊接。

⑤ 电池串检验（图 3-3-32）：半片电池经自动焊接后形成电池串，在检验平台进行检验外观和 EL 测试。判定合格的电池串流入排版机。

太阳电池片自动串焊机的操作

图 3-3-31　自动焊接

图 3-3-32　电池串检验

⑥ 自动排版（图 3-3-33）：电池串由流水线输送至排版机。机器人自动运行将电池串排列于已铺设 EVA 的玻璃上。

图 3-3-33　自动排版

图 3-3-34　自动叠焊

（3）自动层叠工序

① 自动叠焊（图3-3-34）：排列电池串的组件流入叠焊机进行纠偏焊接汇流条，并将电池串按串/并联电路要求进行焊接。

② 自动粘贴固定胶带（图3-3-35）：组件叠焊机焊接完成后流入胶带机，自动粘贴高温胶带，并固定内部排版间距，高温胶带粘贴位置如图 3-3-36 所示，可根据实际情况调整。

图 3-3-35　自动粘贴固定胶带

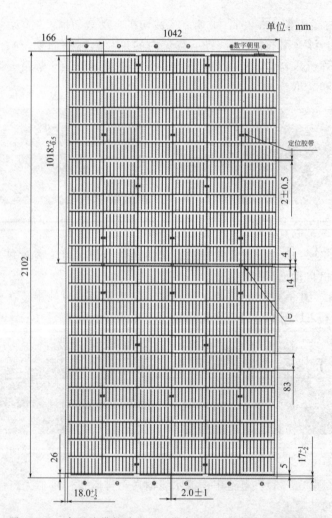

图 3-3-36　高温胶带粘贴位置（供参考，可根据实际情况调整）

③ 自动铺设（图3-3-37）：组件流入裁切机进行自动铺设 EVA。

④ 自动覆盖玻璃（图3-3-38）：组件流入玻璃机自动覆盖背面玻璃。

⑤ 粘贴正背面条码（图3-3-39）：在组件正面和背面指定位置粘贴相同的条码序列号。

⑥ EL 测试：层叠后的组件经扫序列号后进行 EL 测试（图3-3-40），合格的组件流入层压工序，不合格的组件需经返修处理。

图 3-3-37 自动铺设

图 3-3-38 自动覆盖玻璃

图 3-3-39 粘贴正背面条码

图 3-3-40 扫码进入 EL 测试

(4) 自动层压工序

① 组件封边（图 3-3-41）：将 EL 判定合格的组件使用高温胶带密封边缘。

② 层压入料（图 3-3-42）：组件边缘密封后流入层压 A 级上料平台。使用特定的层压工装框住组件，层压机自动运行将组件传送至 B 级层压腔体进行层压。

光伏组件自动层压机的操作

图 3-3-41 组件封边

图 3-3-42 层压入料

③ 层压出料（图 3-3-43）：组件经层压完成后流出 C 级平台进行降温冷却处理，并且将层压工装收取。

④ 撕除封边胶带（图 3-3-44）：经降温冷却后将组件边缘的高温胶带撕除。

图 3-3-43 层压出料

图 3-3-44 撕除封边胶带

⑤ 自动削边（图 3-3-45）：将溢出组件边缘的 EVA 残胶靠玻璃边缘削除。

⑥ 层压后目检（图 3-3-46）：按品质检验要求判定组件层压后外观，将不合格组件隔离分析改善，合格组件进行装框。

光伏组件制备工艺

图 3-3-45 自动削边

图 3-3-46 层压后目检

（5）自动装框工序

① 边框打胶：边框检验合格放入边框上料槽自动打胶（图 3-3-47），边框打胶完成后由机器抓取送至组框机内。

② 自动组框（图 3-3-48）：组件流入组框机自动安装边框。

③ 接线盒打胶（图 3-3-49）：在接线盒底部边缘打一圈密封硅胶。

④ 接线盒安装（图 3-3-50）：将组件引出线穿过接线盒底部孔并延伸至接线盒焊接点。

太阳电池组件自动组框机的操作

图 3-3-47 边框打胶

图 3-3-48 自动组框

图 3-3-49 接线盒打胶

图 3-3-50 接线盒安装

⑤ 自动焊接接线盒（图 3-3-51）：线盒焊接机自动运行将组件引出线与接线盒内二极管连接的铜片端子进行焊接。

⑥ 自动灌胶（图 3-3-52）：在接线盒焊接完成后，在线盒内部灌入 AB 组分的密封硅胶，以保护线盒内的电子元器件。

图 3-3-51 自动焊接接线盒

图 3-3-52 自动灌胶

（6）固化清洗工序

① 组件固化（图 3-3-53）：固化房内开启加湿器，组件在固化房内进行固化，固化时间≥4h。

② 组件正面清洗（图 3-3-54）：在组件固化完成后使用酒精和无尘布将组件表面清洁干净。

图 3-3-53　组件固化

图 3-3-54　组件正面清洗

③ 组件背面清洗（图 3-3-55）：使用酒精和无尘布将组件背面清洁干净。
④ 测试工装安装（图 3-3-56）：在组件边角位置安装测试加电工装。

图 3-3-55　组件背面清洗

图 3-3-56　测试工装安装

（7）成品测试工序

① I-V 测试（图 3-3-57）：使用光伏组件 I-V 测试仪模拟 $1000W/m^2$ 光强的太阳光来照射组件，以测试组件功率。

② 安规测试（图 3-3-58）。绝缘耐压测试，组件直流电压 1000V 或 1500V，绝缘电阻＞27MΩ；接地电阻测试，组件接地电阻值＜100mΩ；直流耐压测试，组件直流电压 3600V 或 4800V；测试漏电流＜0.05mA。

图 3-3-57　I-V 测试

图 3-3-58　安规测试

光伏组件EL电致发光缺陷的检测

③ EL 测试（图 3-3-59）：测试组件 EL 检验组件内部电路以判定组件等级。
④ 测试工装收取（图 3-3-60）：组件测试完成后将测试工装拆卸，检查接线盒灌封胶固化情况，并将接线盒盖紧。

（8）分档包装工序

① 自动粘贴铭牌（图 3-3-61）：在组件背面指定位置粘贴电学性能标签。
② 检验成品组件外观：检验成品组件外观（图 3-3-62）、边框密封性、接

图 3-3-59　EL 测试

图 3-3-60　测试工装收取

线盒密封性等，对组件进行判定。

图 3-3-61　自动粘贴铭牌

图 3-3-62　检验成品组件外观

③ 自动分档（图 3-3-63）：将组件按功率档、电流档、不良品进行分类。
④ 组件打包（图 3-3-64）：按组件分类区分进行包装，并在外箱粘贴对应的唛头。

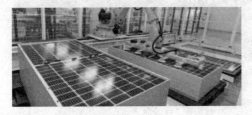
图 3-3-63　自动分档

图 3-3-64　组件打包

⑤ 组件叠托（图 3-3-65）：将同类组件打托后再进行叠托。
⑥ 组件入库（图 3-3-66）：将完成打包的组件进行入库，按分类区分放置。

图 3-3-65　组件叠托

图 3-3-66　组件入库

任务四　半片光伏组件的测试与优化

半片光伏组件制作完成后，需要检查外观，检查工艺过程有无问题；测试电学性能，如电流、电压、功率等。

具体步骤与层压光伏组件类似，不再详述。另外，本任务增加了户外实际测试，有利于验证其实用性，也可与层压光伏组件进行比较。

【任务单】

1. 学习必备知识中的半片光伏组件出厂检验技术要求以及层压半片晶硅光伏组件测试要点。
2. 按照下表清单指引，依次完成学生工作手册中的表格要求内容。
3. 准备测试工具，完成半片光伏组件的测试；在户外安装，完成现场测试，最终完成半片光伏组件的测试和优化，获得能够工作的、合格的半片光伏组件作品。
需要按照顺序依次完成的学生工作手册表格清单如下：

序号	工作手册表格名称	是否完成
1	3-4-1 半片光伏组件的测试与优化信息单	是□ 否□
2	3-4-2 半片光伏组件的测试与优化计划单	是□ 否□
3	3-4-3 半片光伏组件的测试与优化记录单	是□ 否□
4	3-4-4 半片光伏组件的测试与优化报告单	是□ 否□
5	3-4-5 半片光伏组件的测试与优化评价单	是□ 否□

能量·小贴士

"待到山花烂漫时,她在丛中笑。"——毛泽东《卜算子·咏梅》。由于户外条件下太阳辐照度和温度等波动因素的影响,光伏组件的准确测试是较为困难的,我们需要具备面对困难不畏惧、知难而进的勇气。

【必备知识】

一、半片光伏组件出厂检验技术要求

半片光伏组件出厂检验项目如表 3-4-1 所示。典型半片光伏组件的性能如表 3-4-2 所示。

表 3-4-1　半片光伏组件出厂检验项目

一级检验项目	二级检验项目	检验要求
半片光伏组件外观要求	背板	(1)不允许有尖锐物造成的穿刺性凹坑,无破损、孔洞及任何尺寸的带电体伸出背板,正常检验环境 0.5m 内不可见,凹坑深度≤0.5mm (2)无褶皱、无波浪纹 (3)无鼓包、焊带凸点;面积≤10±2mm^2,数量≤1/6 电池片数量 (4)背板无划伤、脱膜、填补现象
	电池片	应符合相关要求
	图形排列	图形排列规整,汇流条和互连条平直不变色,与电池片排列距离: (1)有源部件距边框≥9mm (2)互连条与主栅偏移(露白)≤0.25mm
	正面气泡	(1)连片气泡和边框与电池片之间形成连续通道的气泡是不允许的 (2)在电池片上,面积≤4mm^2 的气泡 1 个,并且不在同一个电池片上 (3)不在电池片上,面积≤1mm^2 的气泡的数量≤5 个;或者面积≤8mm^2,数量≤2 个;或者 1 组,2 个气泡不得相连或者明显的临近
	异物	(1)连片导电异物是不允许的,头发连片也是不允许的 (2)允许面积≤5mm^2 的异物≤3 处 (3)异物不能导致两片电池片之间的片距<0.5mm (4)异物不得引起内部短路 (5)电池片表面上不允许有导电胶溢出
	条形码	条形码不明显歪斜,数字不允许被遮

续表

一级检验项目	二级检验项目	检验要求
半片光伏组件外观要求	玻璃	(1)划伤:允许轻微划伤,即1m处肉眼看不见或手触摸无感觉 (2)不允许玻璃表面有贝壳状凹缺
	边框	氧化层平滑、均匀,不允许有皱纹、流痕、鼓泡、裂纹、发黏等现象,表面清洁,不得有污垢和残胶,整体无变形
	接线盒	(1)接线盒安装位置要符合设计要求,位置偏移小于1cm,与边框的平行度≤3mm (2)接线盒与背板贴紧不得翘起,无明显间隙,有少量粘胶挤出,胶条无间断。溢出胶条均匀、无裂痕、无缺口、无小孔,黏结牢固、密封、无渗水现象 (3)盒内引出线根部与背板开口处用硅胶完全密封,无空胶 (4)各紧固件连接牢固,合盖严密,要求用手分别在90°两方向抠盖抠不开
	配件、标贴	(1)配件摆放位置正确,且配件齐全 (2)标贴字迹清晰、参数正确、无破损、无印刷移位 (3)背板标签规格正确,粘贴位置符合设计要求,粘贴端正平整、无气泡
尺寸与重量		组件的外形尺寸与重量应符合 TUV 认证的尺寸重量
材料		(1)组件为定型生产的规格产品,须符合公司相关标准要求生产。对于不同厂家、不同类型、不同效率(功率)、不同颜色、不同厚度的原材料不可混在同一组件内使用,必须严格区分,采用不同的识别标签或不同的颜色进行标识 (2)互连条(涂锡含银焊带)与电池片的焊接需平整、牢固无虚焊,180°夹角的拉力≥0.9(5BB)[≥1.0(4BB)]
电学性能	I-V 曲线	组件的电学性能指标需符合设计要求,不允许 I-V 曲线有台阶(图3-4-1)
	电性能参数	组件电学性能参数应符合设计要求,公差为0~3%
	耐压绝缘数值	要求组件以5%抽样检测,并保留相关的测试数据
	EL 测试	具体详见晶体硅光伏组件的 EL 检测规范
	额定功率	组件需满足额定电压(执行 GB/T 6495.3—1996 中的额定输出功率规定)

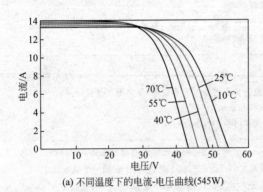
(a) 不同温度下的电流-电压曲线(545W)

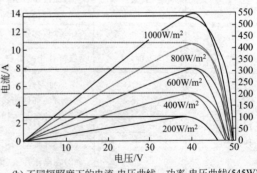
(b) 不同辐照度下的电流-电压曲线、功率-电压曲线(545W)

图 3-4-1　光伏组件 I-V 曲线

表 3-4-2　半片光伏组件的性能参数表(STC)

参数	数值							
产品功率输出 P_{max}/W	525	530	535	540	545	550	555	560
开路电压 U_{oc}/V	49.05	49.28	49.51	49.75	49.98	50.22	50.45	50.68
短路电流 I_{SC}/A	13.53	13.57	13.60	13.63	13.66	13.70	13.73	13.76

续表

参数	数值						
最大功率点的工作电压 U_{mp}/V	41.21	41.48	41.77	42.06	42.35	42.64	42.93	43.22
最大功率点的工作电流 I_{mp}/A	12.74	12.78	12.81	12.84	12.87	12.90	12.93	12.96
组件效率/%	20.5	20.7	20.9	21.1	21.3	21.5	21.7	21.9
功率公差/W	0 ± 5							

注：某公司 GCL-M10/72H 系列产品。标准测试条件（STC）：大气质量 AM1.5，辐照度 1000W/m²，电池温度 25℃ 下的测量值。

二、层压半片光伏组件测试要点

由于半片光伏组件与常规组件相比采用了不同的制备工艺，因此可以考虑在常规组件测试项目的基础上增加在线式组件扫描式 EL 测试仪，某公司实物见图 3-4-2。

图 3-4-2　在线式组件扫描式 EL 测试仪

在线式组件扫描式 EL 测试仪是流水线式生产组件时使用的 EL 测试仪。组件在流水线上经过多道工序后，通过流水线传输进入测试仪进行 EL 测试，测试完成之后通过与流水线的信号交换完成出料。

测试设备从组件进入机台到测试完成出料，单次节拍时间控制在 2s 以下。

在线式组件扫描式 EL 测试设备的硬件主要由三部分组成：自动化控制系统、动作执行系统和光学系统。从组件由前置机台流入测试直至组件流到后置机台结束，组件的自动入料和自动完成测试到自动出料都由硬件部分完成。

设备采用触摸屏，在生产或调试时，轻触屏幕对应位置即可使机台做出相应的动作。主界面如图 3-4-3 所示。

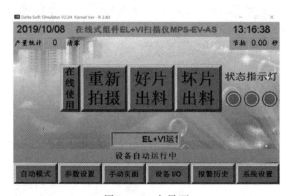

图 3-4-3　主界面

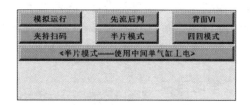

图 3-4-4　模式设置界面

触摸屏参数设置界面中包括时间设置、模式设置和传输设置。其中模式设置提供特殊测试模式（图 3-4-4），包括模拟运行、先流后判、背面 VI、半片模式等。半片模式为测试半片组件使用，该模式下只使用两气缸下压给组件通电。

项目四 创新型光伏组件的设计与制作

📚 项目介绍

一、项目背景

2020年,中国在气候雄心峰会上提出:"到2030年,中国单位国内生产总值二氧化碳排放将比2005年下降65%以上,非化石能源占一次能源消费比重将达到25%左右,森林蓄积量将比2005年增加60亿立方米,风电、太阳能发电总装机容量将达到12亿千瓦以上。"二氧化碳排放力争于2030年前达到峰值,努力争取2060年前实现碳中和。"碳达峰"是二氧化碳排放量达到历史最高值,由增转降的历史拐点。"碳中和"从概念上理解就是指一个组织一年内的二氧化碳排放,通过二氧化碳去除的技术应用来达到平衡。

随着环保低碳和节能减排生活理念的宣传,采用BIPV及其他形式光伏组件越来越多。创新型光伏组件作为绿色环保的新能源产品,应用场景不断扩展。

【订单】

某公司经常接到不同场景应用的光伏组件的订单,需要开发储备创新型光伏组件及应用产品。假设你参加毕业实习,为该公司的光伏组件工艺工程师岗位,承担了该项目的开发任务。如何完成该任务呢?

二、学习目标

1. 能力目标

(1)能够根据订单要求制订创新型光伏组件的项目工作方案,设计创新型光伏组件;
(2)能够使用铜管等流道设计新型光伏组件。

2. 知识目标

(1)熟悉创新型光伏组件的分类及基本设计方法;
(2)掌握创新型光伏组件的版型图的绘制方法。

3. 素质目标

(1) 初步形成独立分析、设计、实施和评估的能力;

(2) 诚实守信、工作踏实,能够按照操作规程开展工作;

(3) 培养质量意识和安全意识。

三、项目任务

项目四学习目标分解

任务	能力目标	知识目标	素质目标
任务一 创新型光伏组件的工作方案制订	能够根据订单要求制定创新型光伏组件的项目工作方案	(1)熟悉市场主流的新型光伏组件的类型; (2)了解市场主流的新型光伏组件的制作工艺流程; (3)了解市场主流的新型光伏组件制作过程所需的原材料、设备工具	(1)具有一定的文献调研和资料查找能力; (2)培养创新意识
任务二 创新型光伏组件的版型设计与图纸绘制	(1)能够根据客户需求,设计不同功率的创新型光伏组件; (2)能够采用 AutoCAD、Solid-Works 等结构设计软件绘制创新型光伏组件的方案设计图	(1)掌握创新理论方法; (2)掌握市场主流的新型光伏组件的方案设计图的绘制方法	(1)具有创新设计能力; (2)具有精益求精的工匠精神
任务三 创新型光伏组件的制作	(1)能够正确操作创新型光伏组件的制造设备; (2)能够完成创新型光伏组件的组装和调试	(1)掌握智能电路设计方法; (2)掌握光热应用技术	(1)具有安全责任意识; (2)具有劳动精神; (3)培养团队协作能力
任务四 创新型光伏组件的测试与优化	(1)能够正确选择测试设备对创新型光伏组件的技术参数进行测量; (2)能够分析创新型光伏组件制作工艺流程,给出优化措施	(1)掌握市场主流的新型光伏组件的技术参数测试的方法; (2)了解市场主流的新型光伏组件不合格的主要原因	具有一定的分析问题、解决问题的能力

 项目实施

任务一 创新型光伏组件的工作方案制订

在制作创新型光伏组件之前,需要根据设计方案确定设备、原材料、工艺流程和环境条件,并依据设计要求,对组件的技术参数进行测试。

【任务单】

1.复习项目一、项目二、项目三的必备知识;学习本任务的必备知识中的创意层压光伏组件、智能光伏组件、太阳能光伏光热一体化组件、彩色光伏组件和异型光伏组件。

2.结合掌握的知识,调研查阅资料,动动脑筋,确定一款感兴趣的具有创意的新型光伏组件。

3.按照下表清单指引,依次完成学生工作手册中的表格要求内容,最终制订完成创新型光伏组件的制备工作方案。

需要按照顺序依次完成的学生工作手册表格清单如下:

序号	工作手册表格名称	是否完成
1	4-1-1 创新型光伏组件的工作方案制订信息单	是□ 否□
2	4-1-2 创新型光伏组件的工作方案制订准备计划单	是□ 否□
3	4-1-3 创新型光伏组件的工作方案制订过程记录单	是□ 否□
4	4-1-4 创新型光伏组件的工作方案制订报告单	是□ 否□
5	4-1-5 创新型光伏组件的工作方案制订评价单	是□ 否□

能量小·贴士

"临渊羡鱼，不如退而结网。"——《汉书·董仲舒传》。如果我们只有愿望而没有措施，那么对事情毫无益处。光伏组件设计或应用中可以有很多的创新，我们不应只停留在创意阶段，而是应将它们通过我们的智慧和双手创造出来。

【必备知识】

一、创意层压光伏组件

层压光伏组件工艺的适用性很强，能够用于制作由生产型层压组件延伸出的各种类型的光伏组件产品。不同形状的创意光伏组件重点在于设计方面，设计时应考虑与之相匹配的应用产品的结构和形状，在制作工艺方面则和常规层压组件的工艺基本相同。

某公司研发了六边形"蜂巢"系列新型单晶高效光伏组件（图4-1-1）。其中单晶硅棒切方从四边形方棒改为六边形方棒，单晶硅片从四边形改为六边形；由电池片、互连条、汇流条和绝缘膜组成电池片排版，采用电池串交错排版样式。单晶50版型组件的标称功率为280～300W，输出电压高达120V，单晶PERC50版型的标称功率为300～320W。

图4-1-2～图4-1-5中示出了目前可见的不同类型的创意光伏组件，供大家参考，开拓思维。

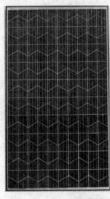

图4-1-1 某公司的六边形"蜂巢"系列新型单晶高效光伏组件

图4-1-2 太阳能可充电休闲桌

图 4-1-3　太阳能可充电背包　　　图 4-1-4　太阳能遮阳伞　　　图 4-1-5　太阳能充电桩

二、智能光伏组件

智能光伏组件的研究主要集中在智能控制电路的研究上，简单地说就是智能控制接线盒的研究。近年来，随着智能光伏产品的推广示范，不同厂家推出了一系列智能接线盒系统，安装了这些智能接线盒的光伏组件被称为"智能型光伏组件"。表 4-1-1 列举了几种智能型光伏组件的类型、原理、技术现状和代表公司。

表 4-1-1　几种智能型光伏组件的类型、原理、技术现状和代表公司

类型	原理	技术现状	代表公司
MOS 集成电路基础的智能光伏组件（图 4-1-7）	使用 MOS 集成电路代替传统二极管，降低组件被遮挡时二极管的发热能耗，同时减少组件正常工作时晶体管的反向漏电流，提高组件的发电效率	目前意法半导体(ST)公司已研发出这种集成芯片，该芯片已经集成在苏州快可光伏(QCSOLAR)和德国 KOSTA 公司的接线盒中，在电流小于 8A 时，表现较好	ST、QC SO-LAR、KOSTAL
二极管旁路电路集成无线发射接收数据系统	接线盒内集成了无线收发模块，可以实时监测并传输电池板数据（电压、电流、功率、温度等）	苏州快可光伏已成功开发该智能型接线盒	苏州快可光伏（图 4-1-6、图 4-1-7、表 4-1-2）
MPPT+DC/DC 电路	通过对阵列中每块电池板分布式安装最大功率跟踪模块，使电站方阵中每块板始终工作在最大功率输出点	（1）美国国家半导体公司提供成熟模块 SO-LAR-MAGIC，该模块可以直接集成安装进入组件接线盒内，也可以单独外挂式安装在系统电站中 （2）意法半导体公司已可以提供高度集成的 MPPT 电路芯片，该芯片可以同旁路二极管电路集成在同一块电路板上，目前的问题是输入电压还需要提高以满足大功率组件的需求 （3）TIGOENERGY 公司可以提供集成式和外挂式两种接线盒，已量产 （4）以色列公司 SOLAREDGE 已量产该产品且直接集成于接线盒	NS、ST、TI-GOENERGY、SOLAREDGEQCSOLAR、H＋S、SHOALS、SUN-TECHPOWER、GESOLAR
MPPT+DC TO DC + MICRO-IN-VERTER IN-TE-GRATED	在每块电池板上安装 MPPT 和微型逆变器，在电池板端完成 DC/AC 变换	ENPHASE ENERGY 已量产该产品，但为外挂式，而没有集成在接线盒内	ENPHASE EN-ERGY

图 4-1-6　MOS 集成电路基础的智能光伏接线盒

图 4-1-7　苏州快可光伏智能接线盒（采用 Solarmagic 芯片）

表 4-1-2　苏州快可智能接线盒的技术参数（型号 ST102643、T102443）

符号	电学参数	最大值
U_{sys}	UL 系统组串电压 IEC 系统组串电压	600V 直流电压 1000V 直流电压
$U_{Input,Max}$	最大输入电压	50V 直流电压
$U_{Output,Max}$	最大输出电压	50V 直流电压
$I_{String,Max}$	最大组串电流	11A
n	效率	99.5%
T_A	工作温度	$-40\sim 90℃$

智能型光伏组件对阴影遮挡造成的发电量的调节效果可以从图 4-1-8 和图 4-1-9 中比较看出。对于安装了智能接线盒的光伏组件，阴影遮挡造成的功率损失明显降低。二极管旁路电路集成的无线发射接收数据系统的智能接线盒如图 4-1-10 所示。

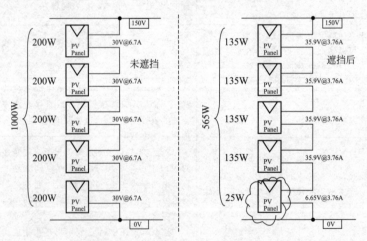

图 4-1-8　未安装苏州快可光伏智能接线盒时阴影遮挡造成的功率损失

三、太阳能光伏光热一体化组件

太阳能光伏光热一体化组件（PV/T）是把传统的光伏和光热两大模块有效结合在一起而形成的光伏光热混合式集热器（图 4-1-11）。该系统结合了光伏组件和太阳能热吸收器的机理。光伏部分采用技术成熟的太阳能光伏组件面板，通过控制系统为建筑提供电能，主要包括光伏电池、蓄电池、逆变器和控制器等构

典型光电光热一体化（PVPT 或 PV/T）组件结构

PV/T 实验系统

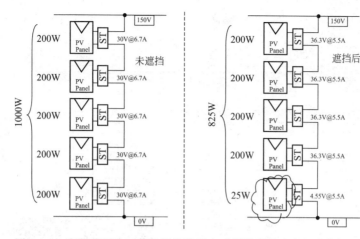

图 4-1-9　安装苏州快可光伏智能接线盒时阴影遮挡造成的功率损失

件。光热部分主要为集热器，集热器使用热循环机制，通过热传递的方式冷却光伏组件，同时利用其热量产生热能，能够提高光电转换效率，更高效地利用太阳热能。

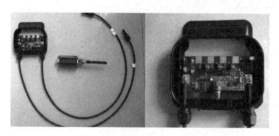

图 4-1-10　二极管旁路电路集成无线
发射接收数据系统的智能接线盒

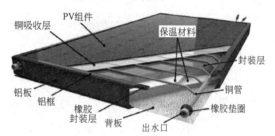

图 4-1-11　光伏光热一体化组件的结构

PV/T 系统集成的优势：晶体硅太阳电池的发电效率依赖其工作温度，温度每上升 1℃将导致输出功率减少 0.4%～0.5%。由于到达电池表面的 80% 以上的能量转变成了热量，使得太阳电池工作温度通常在 50℃ 以上，当散热不良时甚至达到 80℃，这会严重影响太阳电池的工作效率。若将光伏板和集热器两者有机地结合起来，则形成 PV/T 集热器。该集热器通过媒介将产生的热量及时带走，控制了太阳电池的工作温度，能更高效地提供电能，而且带走的热量得到了有效的利用，大大提高了太阳能的综合效率。与同样输出量的光伏、光热系统相比，它的占地面积更小。

PV/T 系统具有经济性优势，其单位面积的可变成本低于单位面积的 PV 系统和太阳集热器系统之和，同时也缩短了 PV 系统投资回收期。关于 PV/T 系统的研究主要涉及 PV/T 集热器结构、运行参数、系统性能和经济性评估方法。

（一）PV/T 系统的分类

PV/T 系统（也称 PV/T 集热器）通常可以分为空冷型、液冷型、混合型、聚光型以及一些新技术理念改进的技术。如图 4-1-12 所示，该系统也可以按照所使用的太阳电池分类，如晶体硅太阳电池型、薄膜太阳电池型、其他太阳电池型（图 4-1-13）。PV/T 液态收集器可以分为集水型、制冷型、水气混合型（图 4-1-14）。

（1）液冷型 PV/T 集热器　液冷型 PV/T 集热器使用水或其他防冻剂作

多晶硅PV/T多孔扁盒集热器的结构

非晶硅PV/T系统结构

为 PVT 降温介质，并使用贴合在 PV 板背后的金属导管或平板将热能导出。

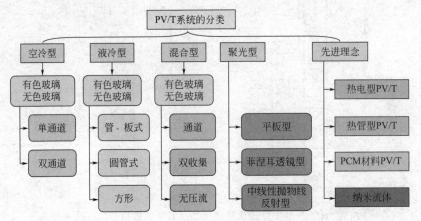

图 4-1-12 PV/T 系统的分类

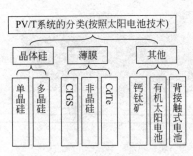

图 4-1-13 按照太阳电池技术分类的 PV/T 系统

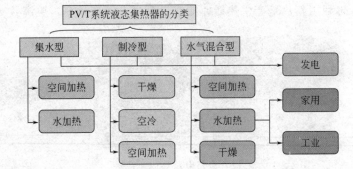

图 4-1-14 PV/T 液态收集器的分类

（2）空冷型 PV/T 集热器 与液冷型 PV/T 集热器原理相似，不同的是其利用空气作为热导出介质。

（3）聚光型 PV/T 集热器 聚光型 PVT 集热器分为三个部分：聚光部分、太阳电池部分和背板冷却部分。一般而言，聚光型 PVT 集热器使用高效太阳电池，例如砷化镓太阳电池，这有利于降低成本。该系统的实现难点主要在于冷却系统的优化设计以及保证系统高效稳定运行的跟踪装置。

（二）PV/T 系统的结构

常规 PV/T 系统包括了 PV/T 收集器、保温水箱、循环管等部件。其制作是在光伏组件后面铺设冷却介质流道，再用导热绝缘黏合剂与不同结构的吸热板黏合构成 PV/T 系统，最后加边框固定而制成。其层次结构如图 4-1-15 所示。

典型 PV/T 系统的内部结构如图 4-1-16 所示。主要结构部件的功能分别介绍如下：

（1）光伏组件：可以使用任何类型的光伏组件（多晶硅、单晶硅、非晶硅等）。

（2）热吸收器：其安装在光伏组件的背面，通常由高导热性的金属制成，如铜、铝、镀锌钢等。吸收器包括吸热板和流道。不同厂家有不同的吸收器设计，包括管几何结构和流道结构。

（3）入口和出口连接件：硬管或软管连接至入口和出口连接件。入口和出口连接件表示输送流体的流量管的两端。

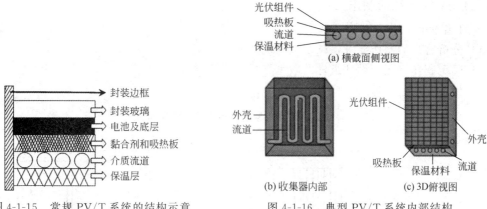

图 4-1-15 常规 PV/T 系统的结构示意

图 4-1-16 典型 PV/T 系统内部结构

（4）保温层：放置在集热器的底部和侧面，通过传导和对流将热损失降至最低。这对于最大化热产量、效率和总体 PV/T 效率非常重要。

（5）外壳：携带所有收集器组件，主要用于保护目的，并确保 PV/T 收集器的正确放置和操作。

PV/T 系统也可以像太阳能热系统那样设计为被动或主动，并可以是直接或间接（闭环）系统。图 4-1-17 示出了 PV/T 系统的三种不同的冷热水循环设计方式。图 4-1-17(a) 所示为直接无源的 PV/T 系统，其取决于自然条件对流使水循环。主动系统采用泵和电气元件来实现循环，可以是直接的，也可以是间接的。图 4-1-17(b) 所示为泵使水循环的直接有源的 PV/T 系统。商业上更复杂的部件是集成在恒温器控制等系统中。间接系统更为重要地适用于寒冷气候，使用不同类型的流体避免其在管道内自由流动。这种流体获得热量并通过热交换器将其传递给水［图 4-1-17(c)］。

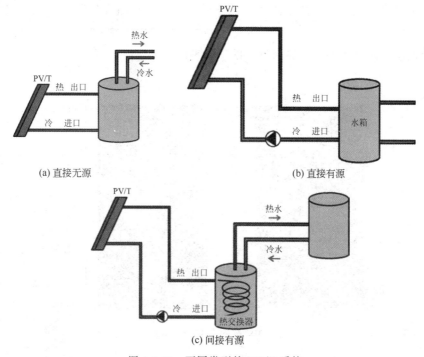

图 4-1-17 不同类型的 PV/T 系统

(三) PV/T 系统的制作工艺

PV/T 组件的制作工艺步骤如下：
(1) 分析客户的制作要求，确定组件的尺寸、功率和热水用量；
(2) 确定制作流程、设计组件的版型布排；
(3) 设计热水的流道及结构（表 4-1-3）；

表 4-1-3 PV/T 系统中使用的流道结构

流道结构类型	结构图	流道结构类型	结构图
L 形		分流式圈型	
蛇形		板叠型	
平行流型		螺旋形	
网型			

(4) 绘制组件版型布排图和热水流道图，参考图 4-1-18；

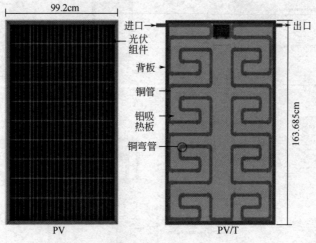

图 4-1-18　PV 组件和 PV/T 集热器布局

(5) 根据组件图纸，选取电池片，进行激光划片；
(6) 将电池片单面焊接上互连条；
(7) 将电池片翻到背面，按照组件图纸布排，将电池片一正一负串联焊接成电池串；
(8) 在光照下测试其电流和电压性能，及时排除有故障的电池串；
(9) 进行层叠，按照设计要求层叠；
(10) 将层叠好的光伏组件进行层压；
(11) 将层压后的光伏组件放入通风处进行固化；
(12) 在固化完成后，修剪掉边角料，并进行外观检查；
(13) 将光伏组件与制作好的热交换板组合，图 4-1-19 为 PV/T 收集器背面布局；
(14) 对组件开展性能测试，电学性能测试主要包括传统组件电学测试，还包括热学测试、热交换效率测试等。

至此，合格的光热一体化光伏组件制作完成。

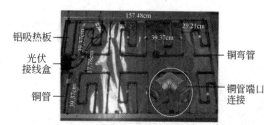

图 4-1-19　PV/T 收集器背面布局

电学性能和热性能分析旨在根据气候条件（如太阳辐照度、风速、环境温度等）、设计参数（如吸收板设计配置、玻璃厚度等）以及操作参数，分别评估电气和热性能（例如质量流量、入口和出口流体温度以及填料系数）。

四、彩色光伏组件

目前主流的晶体硅光伏组件颜色一般为深蓝色，薄膜太阳电池的颜色一般为深蓝色或偏黑色。随着光伏行业的发展，市场对光伏产品提出了更高的要求，不但要保证功率的增加以及发电量的提高，而且希望光伏组件更加美观漂亮。例如，图 4-1-20 为上海世博园中国馆使用的彩色光伏组件（作为建筑外墙使用）。

图 4-1-20　上海世博园中国馆中使用的彩色光伏组件

一种方案是光伏组件加工厂家可以改变光伏组件前面板玻璃颜色，或改变封装胶膜的颜色。然而，无论是改变封装胶膜或者改变前板玻璃颜色的方式，都会影响太阳组件的发电效率。这是因为与之前的透明前板玻璃和透明封装胶膜相比，彩色的前板玻璃和彩色的封装胶膜会吸收特定颜色的光。这部分光如果没有被吸收，而是照射到电池片上时就能够进行光电转换，因此导致进行光电转换的入光量降低，从而降低了光伏组件的发电效率。

另一种方案是采用使用彩色晶体硅电池设计的光伏组件。彩色太阳电池可以做成红色、橙色、黄色、绿色、蓝色、紫色、灰色中的一种或几种彩色太阳电池。图 4-1-21 所示为某公司的彩色晶体硅太阳电池，可以看到大部分颜色以蓝、绿、紫为主。第三种方案使用彩色薄膜电磁设计的光伏组件，图 4-1-22 为某公司的彩色款的发电墙 CIGS 产品，颜色更为鲜艳，种类也更多。

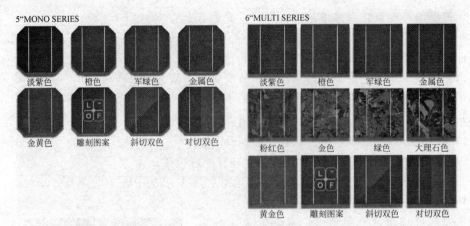

图 4-1-21　某公司的彩色晶体硅太阳电池

（一）彩色晶体硅光伏组件

彩色晶体硅光伏组件在层压工艺过后具有红色、黄色、绿色、蓝色等，太阳电池的原有色彩能够保留。同时尽可能使彩色电池组件与常规 EVA 组件相比，光电转换效率没有下降，甚至稍微提高。

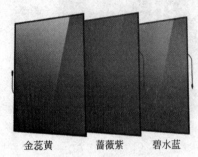

图 4-1-22　某公司彩色款的 CIGS 光伏组件

在光伏组件制作的工艺上，不仅仅是采用彩色电池片和常规的层压工艺就可以让光伏组件呈现出彩色，而是要在层压结构上有些区别。现有的工艺是采用玻璃—减反射薄膜—空气—电池—背板的结构。如图 4-1-23 所示的彩色晶硅光伏组件的结构，前面板玻璃的镀有减反射薄膜的一面朝向太阳电池串，减反射薄膜与电池片之间设有空气层，电池背面为背板。采用封装材料将太阳电池片、背板和面板玻璃进行固定和密封。

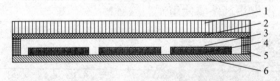

图 4-1-23　彩色晶硅太阳能电池组件的结构
1—玻璃；2—减反射薄膜；3—空气层；4—太阳电池；5—封装材料层；6—背板

该结构通过在玻璃和电池之间设置空气层并去除 EVA，以消除 EVA 对反射率的影响，从而可以保持电池原有鲜艳的色彩。更重要的是，在玻璃的背表面沉积减反射薄膜，以尽量降低或者消除由于去除 EVA 所带来的光学损失。该结构能够有效防止彩色太阳电池经过常规封装时出现的色彩全部变成灰黑色的问题。

空气层的厚度为 0.01～100mm。空气层的主要成分包含氧气、氮气、二氧化碳等气体中的一种或几种。

背板的主要材质为玻璃、聚氟乙烯、聚偏氟乙烯、三氟氯乙烯-乙烯共聚物、四氟乙烯-六氟丙烯-偏氟乙烯共聚物、聚对苯二甲酸乙二醇酯、乙烯-醋酸乙烯共聚物和聚烯烃中的一种或几种。

一般来说，封装材料的主要材质为聚异丁烯、乙烯-醋酸乙烯共聚物、丁基胶、聚硫胶和硅胶。

（二）彩色薄膜光伏组件

彩色薄膜组件所用的太阳电池有钙钛矿太阳电池、CIGS薄膜太阳电池等。此处以彩色钙钛矿薄膜光伏组件为例，分析其结构和工艺方法。

一种是采用不透光的金属作为背板的薄膜光伏组件。传统制备带金属背板的薄膜光伏组件的方法为在金属背板上通过层压的方式将预先制备好的光伏组件黏结在上面。使用这种方法生产，工艺较复杂，需要使用一些会增加生产成本的封装材料，例如，EVA、POE、PU或PVB胶膜和丁基胶。生产时间延长，不利于组件的批量生产。如果想彻底避免使用成本较高的胶膜类材料，需要在金属背板上直接沉积钙钛矿等发电层。由于金属背板不透光，因此无法使用常规的在透明导电基底上沉积发电层的方法制备发电层，需要另行研究制备工艺。图4-1-24为采用金属背板不透光的彩色薄膜光伏组件。

另一种是采用透明导电玻璃作为背板的薄膜光伏组件。常规的在透明导电玻璃基底上制备钙钛矿发电层的方法为：在透明导电基底上制备第一载流子传输层、钙钛矿发电层、第二载流子传输层和背电极；随后需要将透明导电基底作为光入射面，朝上放置。封装时在背电极的下方放置一层封装胶膜作为绝缘层，金属背板作为后背板，最后将组装好的光伏组件放入层压机中层压。

彩色薄膜光伏组件的结构包括金属背板、绝缘层、彩色发电层和保护层。彩色发电层自下而上包括背电极、第一载流子传输层、彩色钙钛矿吸光层、第二载流子传输层和顶部透明电极。在金属背板上使用以倒序方式制备彩色光伏组件的方法制备彩色发电层，随后在彩色发电层上喷涂保护层，即得到彩色光伏组件。图4-1-25为彩色钙钛矿薄膜光伏组件的结构示意图。

图4-1-24 某公司的彩色薄膜光伏组件　　图4-1-25 彩色钙钛矿薄膜光伏组件结构示意

五、异型光伏组件

除去市场常见的平板型光伏组件之外，还有其他形状的光伏组件，例如半柔性光伏组件（图4-1-26）和光伏陶瓷瓦（图4-1-27）。其典型特征是将太阳电池片封装在异型的面板或结构里面，兼具建筑艺术的功能。

图4-1-26　半柔性光伏组件　　　　　图4-1-27　光伏陶瓷瓦

此处以光伏陶瓷瓦为例,分析异型光伏组件的结构、功能和制作工艺。光伏陶瓷瓦与建筑屋面实现一体化融合,既能利用太阳光发电,又减少了热量在建筑屋面的积聚量,使传导至建筑保温层和室内的热量大幅减少,市场前景较好。

(一) 光伏陶瓷瓦的特点

(1) 高效隔热　光伏陶瓷瓦代替了传统中式建筑屋顶的瓦,兼具了发电和瓦的效果。光伏陶瓷瓦将20%左右的太阳能量转化为电能,减少了热量在建筑屋面的积聚量,使传导至建筑保温层和室内的热量减少20%以上。这是任何一种隔热材料所无法比拟的。因此在夏季高温天气,光伏陶瓷瓦的隔热效果非常明显,可以大幅降低空调的使用频率,减少建筑耗电量,具有产能和节能的双重功效,是新一代的绿色建材。

(2) 一次防水　光伏陶瓷瓦具有中国传统建筑瓦片的一般属性,具有良好的一次防水性能。通过专业的互搭边角、防水线和挡风线设计,确保瓦片在一般风雨天气具有良好的防雨水渗漏功能。在暴风雨天气,需要在屋面下层做二次防水处理,主要是防止大风在屋面内自由流动造成真空,使雨水倒灌屋面。

(3) 发电　光伏陶瓷瓦将太阳能电池模组与带有镂空平台的陶瓷瓦片完美地结合起来,在保持建筑原有的建筑风格的基础上,同时具备太阳能电池组件的发电功能。以16W/片的光伏陶瓷瓦为例,发电功率可以达到85W/m^2。以浙江的日照条件为例,每年可以产生约85kW·h/m^2,50m^2可以产生约4250kW·h,足够满足普通建筑的用电需求。

(4) 强度高　光伏陶瓷瓦的抗弯曲强度高达5000N,是普通建筑瓦片的3倍以上。由于光伏陶瓷瓦的光伏模组采用3.2mm的低铁钢化玻璃,因此可以抵御冰雹等重物的敲打。由于其强度高,在运输和搬运过程中,也具有极低的破损率,具有比较好的经济价值。

(5) 重量轻　根据厂家描述,同等面积的光伏陶瓷瓦的重量是普通建筑瓦片重量的2/3,降低了瓦片对屋面的压力。

光伏瓦的结构

(二) 光伏陶瓷瓦的结构

光伏陶瓷瓦的结构包括光伏组件固定座、光伏组件、光伏瓦连接件、主导水槽、导流槽等,如图4-1-28所示,光伏组件固定座的两侧设置有光伏瓦连接件,光伏瓦连接件用于光伏瓦的铺设固定。光伏瓦连接件为弧形面,弧形面上设有导水槽。导水槽包括沿光伏瓦竖直方向设置的主导水槽。主导水槽上设置有若干横向设置的导流槽,导流槽为V形槽,V形槽的底部位于主导水槽处。采用这种结构,可以顺利地将雨水引入主导水槽。光伏组件的下表面设置有卡槽;光伏组件与光伏组件固定座之间通过卡槽连接,方便安装拆卸。

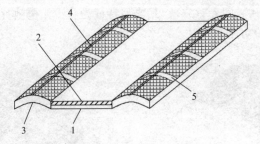

图4-1-28　光伏陶瓷瓦的结构
1—光伏组件固定座;2—光伏组件;3—光伏瓦连接件;4—主导水槽;5—导流槽

（三）光伏陶瓷瓦的制备工艺

光伏瓦基本制备工艺流程包括层叠、抽真空及去湿、层压、固化、切割和折边。

层叠不同于普通光伏组件，抗冲击层与电池片之间无 EVA 或 POE 等黏结层，使得电池片热胀冷缩时的能量无法被 EVA 或 POE 等黏结层吸收。在应用于 BIPV 领域时，其脱层、裂片、热斑等严重不良发生概率均明显偏高；由于其特有的工艺，在其成型过程中，更易造成电池片的隐裂、裂片、破片等。

光伏陶瓷瓦制作工艺步骤如下：

（1）分析客户的制作要求，确定组件的尺寸和功率；
（2）确定制作流程并设计组件的版型布排；
（3）设计光伏瓦的外形及结构；
（4）绘制组件版型布排图和尺寸图；
（5）根据组件图纸，选取电池片，并进行激光划片；
（6）将电池片单面焊接上互连条；
（7）将电池片翻到背面，按照组件图纸布排，将电池片一正一负串联焊接成电池串；
（8）在光照下测试其电流和电压性能，及时排除有故障的电池串；
（9）进行层叠，按照设计要求层叠，将基板、第一黏结层、第一抗冲击层、第二黏结层、电池层、第三黏结层、第二抗冲击层、第四黏结层、前膜依次铺设，准备层压；
（10）抽真空及去湿，将叠好的光伏瓦铺装件通过输送带输送至层压机的抽真空腔室进行抽真空及去湿；
（11）抽真空及去湿后的光伏瓦铺装件被输送至层压机的层压空腔室进行层压；
（12）将光伏瓦层压件输送至层压机的降温空腔室进行降温固化处理，在固化完成后，修剪掉边角料，并进行外观检查；
（13）对组件开展性能测试，电学性能测试主要包括传统组件电学测试，此外还有热学测试、热交换效率测试等。

任务二　创新型光伏组件的版型设计与图纸绘制

创新型光伏组件需考虑其功能设计，应将一般光伏组件设计与实际应用结合起来。

【任务单】

1. 复习项目一、项目二、项目三的必备知识中的光伏组件的设计要点、设计方法和实例等知识。
2. 按照下表清单指引，依次完成学生工作手册中的表格要求内容，最终完成创新型光伏组件的版型设计和图纸绘制。需要按照顺序依次完成的学生工作手册表格清单如下：

序号	工作手册表格名称	是否完成
1	4-2-1 创新型光伏组件的版型设计与图纸绘制计划单	是□　否□
2	4-2-2 创新型光伏组件的版型设计与图纸绘制记录单	是□　否□
3	4-2-3 创新型光伏组件的版型设计与图纸绘制图纸核验单	是□　否□
4	4-2-4 创新型光伏组件的版型设计与图纸绘制评价单	是□　否□

能量·小·贴士

"'难'是如此,面对悬崖峭壁,一百年也看不出一条裂缝来,但用斧凿,能进一寸进一寸,能进一尺进一尺,不断积累,飞跃必来,突破随之。"——华罗庚。创新的过程是艰难的。光伏组件的创新需要对已有的设计方法或工艺流程进行突破。其间必然要经历许多困难甚至失败,因此,需要我们投入大量的精力和物力,更需要我们具备不畏艰难、迎难而上的精神。

任务三 创新型光伏组件的制作

创新型光伏组件的制作通常以环氧树脂胶光伏组件、层压光伏组件为基础,通过增加不同的功能实现创新。本次任务以光伏光热一体化组件为例,其制作工艺流程与层压光伏组件类似,主要是增加了热交换板的组合工艺,如图4-3-1所示。

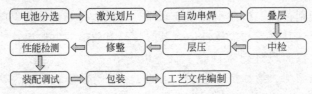

图4-3-1 光伏光热一体化组件的制作工艺流程

【任务单】

1.复习项目一必备知识中的激光划片工艺、焊接工艺和滴胶工艺;复习项目二的必备知识中的太阳电池分选、叠层铺设、层压、修边、装边框、安装接线盒、清洗工艺;复习项目三的必备知识汇中的光伏组件的封装材料等知识。
2.按照下表清单指引,依次完成学生工作手册中的表格要求内容。
3.准备工具和材料,动手制作创新型层压光伏小组件,最终完成具有创新性的光伏组件的制作。
需要按照顺序依次完成的学生工作手册表格清单如下:

序号	工作手册表格名称	是否完成
1	4-3-1 创新型光伏组件的制作计划单	是□ 否□
2	4-3-2 创新型光伏组件的制作记录单	是□ 否□
3	4-3-3 创新型光伏组件的制作报告单	是□ 否□
4	4-3-4 创新型光伏组件的制作评价单	是□ 否□

能量·小·贴士

2020年11月24日的全国劳动模范和先进工作者表彰大会阐释了劳模精神、劳动精神、工匠精神的内涵,即"爱岗敬业、争创一流、艰苦奋斗、勇于创新、淡泊名利、甘于奉献的劳模精神""崇尚劳动、热爱劳动、辛勤劳动、诚实劳动的劳动精神""执着专注、精益求精、一丝不苟、追求卓越的工匠精神"。创新是在前人劳动成果基础上的进步和发展。只有充分了解和掌握前人的成果,才有可能取得突破性认识、拿出开创性成果。创新型光伏组件需要在常规光伏组件的基础上进行创新设计和制作。我们需要积累和储备常规光伏组件的相关知识,这一过程是漫长的,不能急于求成。只有知识积累和储备到一定程度,创新才能水到渠成。

任务四 创新型光伏组件的测试与优化

在创新型光伏组件制作完成后,需要检查外观,检查工艺过程有无问题;测试电学性能,如电流、电压、功率等。

具体步骤应结合其所采用的光伏组件确定,可参考前三个项目。

【任务单】

1. 复习项目二、项目三必备知识中的层压光伏组件的测试要点、半片光伏组件出厂检验技术要求以及测试要点。
2. 按照下表清单指引,依次完成学生工作手册中的表格要求内容。
3. 准备测试工具,完成创新型光伏组件的测试;需要在户外工作的组件在户外安装,与光伏应用产品结合的则装配调试,完成现场测试。最终完成层压创新型光伏组件的测试和优化,获得能够工作的、合格的创新型光伏组件作品。

需要按照顺序依次完成的学生工作手册表格清单如下:

序号	工作手册表格名称	是否完成
1	4-4-1 创新型光伏组件的测试与优化计划单	是□ 否□
2	4-4-2 创新型光伏组件的测试与优化记录单	是□ 否□
3	4-4-3 创新型光伏组件的测试与优化报告单	是□ 否□
4	4-4-4 创新型光伏组件的测试与优化评价单	是□ 否□

能量小贴士

"手脑并用,双手万能"——黄炎培。知行合一,把所学的知识运用到实际当中,才能让创新型光伏组件从创意项目变成真实创新产品。

参考文献

[1] 张博智,卢妍,谭晨,等.光伏光热互补发电系统多目标容量优化研究[J].热力发电,2022,51(5):9-17.

[2] 肖瑶,钮文泽,魏高升,等.太阳能光伏/光热技术研究现状与发展趋势综述[J/OL].发电技术,2022:1-14.

[3] 曲明璐,王海洋,闫楠楠,等.太阳能光伏光热-热泵系统能量与分析[J].暖通空调,2022,52(2):118-123.

[4] 王茹,王海云,范添圆,等.基于不同面积比例的屋顶光伏光热系统设计[J].科学技术与工程,2021,21(34):14576-14581.

[5] 安丽芳,景金龙.PV/T太阳能光伏光热系统关键参数影响特性研究[J].热能动力工程,2021,36(11):147-153.

[6] 张亚南,汤建方,朱小炜,等.太阳能光热—光伏互补发电经济性分析[J].节能,2021,40(11):12-14.

[7] 宫冠军.光伏光热一体化系统性能实验研究[J].科技与创新,2021(21):170-171.

[8] 王光清,白建波,刘升,等.抗阴影遮挡智能控制接线盒的研发[J].太阳能学报,2021,42(2):425-430.

[9] 樊斌,吴昊,杜玉泉.光伏组件智能接线盒设计探析[J].农村经济与科技,2016,27(6):195.

光伏组件制备工艺

学生工作手册

光伏组件制备工艺

学生工作手册

目 录

光伏组件概述

| 0-1-1 | 光伏组件概述信息单 …………………………………………………… 1 |

项目一　环氧树脂胶光伏组件的设计与制作

1-1-1	环氧树脂胶光伏组件的工作方案制订信息单 …………………………… 3
1-1-2	环氧树脂胶光伏组件的工作方案制订准备计划单 ……………………… 4
1-1-3	环氧树脂胶光伏组件的工作方案制订过程记录单 ……………………… 5
1-1-4	环氧树脂胶光伏组件的工作方案制订报告单 …………………………… 7
1-1-5	环氧树脂胶光伏组件的工作方案制订评价单 …………………………… 8

1-2-1	环氧树脂胶光伏组件的版型设计与图纸绘制信息单 …………………… 9
1-2-2	环氧树脂胶光伏组件的版型设计与图纸绘制计划单 …………………… 10
1-2-3	环氧树脂胶光伏组件的版型设计与图纸绘制记录单 …………………… 11
1-2-4	环氧树脂胶光伏组件的版型设计与图纸绘制核验单 …………………… 13
1-2-5	环氧树脂胶光伏组件的版型设计与图纸绘制评价单 …………………… 14

1-3-1	环氧树脂胶光伏组件的制作信息单 …………………………………… 15
1-3-2	环氧树脂胶光伏组件的制作计划单 …………………………………… 16
1-3-3	环氧树脂胶光伏组件的制作记录单 …………………………………… 17
1-3-4	环氧树脂胶光伏组件的制作报告单 …………………………………… 21
1-3-5	环氧树脂胶光伏组件的制作评价单 …………………………………… 22

1-4-1	环氧树脂胶光伏组件的测试与优化记录单 …………………………… 23
1-4-2	环氧树脂胶光伏组件的测试与优化报告单 …………………………… 24
1-4-3	环氧树脂胶光伏组件的测试与优化评价单 …………………………… 25

项目二　常规层压光伏组件的设计与制作

2-1-1	层压光伏组件的工作方案制订信息单 ………………………………… 27
2-1-2	层压光伏组件的工作方案制订准备计划单 …………………………… 28
2-1-3	层压光伏组件的工作方案制订过程记录单 …………………………… 29
2-1-4	层压光伏组件的工作方案制订报告单 ………………………………… 31
2-1-5	层压光伏组件的工作方案制订评价单 ………………………………… 32

2-2-1	层压光伏组件的版型设计与图纸绘制信息单	33
2-2-2	层压光伏组件的版型设计与图纸绘制计划单	34
2-2-3	层压光伏组件的版型设计与图纸绘制记录单	35
2-2-4	层压光伏组件的版型设计与图纸绘制核验单	37
2-2-5	层压光伏组件的版型设计与图纸绘制评价单	38
2-3-1	层压光伏组件的制作信息单	39
2-3-2	层压光伏组件的制作计划单	40
2-3-3	层压光伏组件的制作记录单	41
2-3-4	层压光伏组件的制作报告单	47
2-3-5	层压光伏组件的制作评价单	48
2-4-1	层压光伏组件的测试与优化信息单	49
2-4-2	层压光伏组件的测试与优化计划单	50
2-4-3	层压光伏组件的测试与优化记录单	51
2-4-4	层压光伏组件的测试与优化报告单	52
2-4-5	层压光伏组件的测试与优化评价单	53

项目三 半片光伏组件的设计与制作

3-1-1	半片光伏组件的工作方案制订信息单	55
3-1-2	半片光伏组件的工作方案制订准备计划单	56
3-1-3	半片光伏组件的工作方案制订过程记录单	57
3-1-4	半片光伏组件的工作方案制订报告单	59
3-1-5	半片光伏组件的工作方案制订评价单	60
3-2-1	半片光伏组件的版型设计与图纸绘制信息单	61
3-2-2	半片光伏组件的版型设计与图纸绘制计划单	62
3-2-3	半片光伏组件的版型设计与图纸绘制记录单	63
3-2-4	半片光伏组件的版型设计与图纸绘制核验单	65
3-2-5	半片光伏组件的版型设计与图纸绘制评价单	66
3-3-1	半片光伏组件的制作信息单	67
3-3-2	半片光伏组件的制作计划单	68
3-3-3	半片光伏组件的制作记录单	69
3-3-4	半片光伏组件的制作报告单	75
3-3-5	半片光伏组件的制作评价单	76
3-4-1	半片光伏组件的测试与优化信息单	77
3-4-2	半片光伏组件的测试与优化计划单	78
3-4-3	半片光伏组件的测试与优化记录单	79

3-4-4	半片光伏组件的测试与优化报告单	81
3-4-5	半片光伏组件的测试与优化评价单	82

项目四　创新型光伏组件的设计与制作

4-1-1	创新型光伏组件的工作方案制订信息单	83
4-1-2	创新型光伏组件的工作方案制订准备计划单	84
4-1-3	创新型光伏组件的工作方案制订过程记录单	85
4-1-4	创新型光伏组件的工作方案制订报告单	87
4-1-5	创新型光伏组件的工作方案制订评价单	88

4-2-1	创新型光伏组件的版型设计与图纸绘制计划单	89
4-2-2	创新型光伏组件的版型设计与图纸绘制记录单	91
4-2-3	创新型光伏组件的版型设计与图纸绘制核验单	93
4-2-4	创新型光伏组件的版型设计与图纸绘制评价单	94

4-3-1	创新型光伏组件的制作计划单	95
4-3-2	创新型光伏组件的制作记录单	96
4-3-3	创新型光伏组件的制作报告单	101
4-3-4	创新型光伏组件的制作评价单	102

4-4-1	创新型光伏组件的测试与优化计划单	103
4-4-2	创新型光伏组件的测试与优化记录单	105
4-4-3	创新型光伏组件的测试与优化报告单	107
4-4-4	创新型光伏组件的测试与优化评价单	108

0-1-1　光伏组件概述信息单

名称	光伏组件概述	班级		姓名	
组号			指导教师		

3～5个不同类型的光伏电池板简图及编号		
1#	2#	3#
4#	5#	

1. 分别判断每种光伏组件的类型、结构、特点、材料、电学参数、认证标识、性能、技术标准。

项目	1#	2#	3#	4#	5#
类型					
结构					
特点					
材料					
电学参数					
认证标识					
性能					
技术标准					

续表

2. 分别分析每种光伏组件的结构,画出结构简图。

3～5个不同类型的光伏组件结构简图		
1#	2#	3#
4#	5#	

1-1-1 环氧树脂胶光伏组件的工作方案制订信息单

项目名称	环氧树脂胶光伏组件的设计与制作	班级		姓名	
组号			指导教师		

1. 什么是光伏组件？光伏组件的基本特征是什么？

2. 光伏组件使用过程中，需要满足哪些性能要求？举例说明。

3. 光伏组件都有哪些类型？请查看实际的光伏电站，或者查阅实际企业光伏电站案例，举例说出三种光伏组件。

4. 企业生产的光伏组件，需要满足哪些技术标准？请举例说明。

5. 光伏组件产品需要认证，都有哪些认证的证书可以获取？

6. 晶体硅和薄膜型光伏组件的安全要求认证通常依据哪些标准开展？

7. 什么是环氧树脂胶光伏组件？

8. 环氧树脂胶光伏组件主要由哪些材料构成？

1-1-2　环氧树脂胶光伏组件的工作方案制订准备计划单

项目名称	环氧树脂胶光伏组件的设计与制作		班级		姓名	
组号				指导教师		

	姓名	工作内容要点	备注
人员分工			

	时间	工作内容要点	备注
进程安排			

	名称	准备方法	用量
原材料			

	名称	规格型号	数量	名称	规格型号	数量
设备工具						

1-1-3 环氧树脂胶光伏组件的工作方案制订过程记录单

项目名称	环氧树脂胶光伏组件的设计与制作	班级		姓名	
组号				指导教师	

(一)光伏组件的类型和规格确定记录

	组件的用途	
	组件的性能要求	
客户要求	组件的类型	
	组件的功率	
	组件的长×宽×高度尺寸	

操作人：　　　　　　　　复核人：　　　　　　　　日期：

(二)光伏组件的结构简图(可手工绘制)

光伏组件结构简图

操作人：　　　　　　　　复核人：　　　　　　　　日期：

(三)光伏组件的工艺流程图

光伏组件工艺流程图

操作人：　　　　　　　　复核人：　　　　　　　　日期：

(四)光伏组件制作工艺步骤

光伏组件制作工艺步骤

操作人：　　　　　　　　复核人：　　　　　　　　日期：

续表

(五)每个工序所需的原材料、设备及辅助工具

工序	原材料	设备及辅助工具	工序	原材料	设备及辅助工具

操作人：　　　　　　　复核人：　　　　　　　日期：

(六)太阳电池片正负极输出端口判断检测记录

序号	方法	电压值	电流值	备注
1	万用表红色端放在太阳电池前表面的栅线上，黑色端口放在电池背面电极上，测试电池的电流、电压	$U=$	$I=$	模拟太阳光源下或太阳光下
2	万用表黑色端放在太阳电池前表面的栅线上，红色端口放在电池背面电极上，测试电池的电流、电压	$U=$	$I=$	
3	标出太阳电池片的正负极端口示意图			

操作人：　　　　　　　复核人：　　　　　　　日期：

(七)组件样品检验合格的标准

序号	项目	
1	外观	
2	电学性能	
3	装配尺寸	
4	应用	
5	依据标准	

操作人：　　　　　　　复核人：　　　　　　　日期：

(八)光伏组件应用产品连线简图

光伏组件应用产品连线简图

操作人：　　　　　　　复核人：　　　　　　　日期：

1-1-4 环氧树脂胶光伏组件的工作方案制订报告单

项目名称	环氧树脂胶光伏组件的设计与制作	班级		姓名	
组号			指导教师		

制作目的	
方案描述	

方案审核意见： 签名：	生产部会签意见： 签名：

改进建议：

生产部评审意见	
技术质量部评审意见	
审批意见	

7

1-1-5 环氧树脂胶光伏组件的工作方案制订评价单

项目名称	环氧树脂胶光伏组件的设计与制作		班级		姓名	
组号					指导教师	

	考核内容	考核标准	满分	得分
小组成绩 （30%）	实操准备	计划单填写认真，分工明确、时间分配合理	10	
		器材准备充分，数量和质量合格	10	
	实操清场	能及时完成器材的整理、归位	20	
		清场时，会关闭门窗、切断水电	10	
	任务完成	按时完成任务，效果好	20	
	演示和汇报	能有效收集和利用相关文献资料	10	
		能运用语言、文字进行准确表达	10	
	工作方案	观测指标合理，操作方法正确可行	10	
		合计	100	

	考核内容	考核标准	满分	得分
个人成绩 （70%）	操作能力	操作规范、有序	20	
	任务完成	工作记录填写正确	10	
	课堂表现	遵守学习纪律，正确回答课堂提问	10	
	课后作业	按时完成作业，准确率高	10	
	考勤	按时出勤，无迟到、早退和旷课	10	
	自我管理	能按计划单完成相应任务	10	
	团队合作	能与小组成员分工协作，完成项目准备、清场等工作	10	
	表达能力	能与小组成员进行有效沟通，演示和汇报质量高	10	
	学习能力	能按时完成信息单，准确率高	10	
		合计	100	

总体评价	

1-2-1 环氧树脂胶光伏组件的版型设计与图纸绘制信息单

项目名称	环氧树脂胶光伏组件的设计与制作	班级		姓名	
组号			指导教师		

1. 光伏组件的物理电学性能包含哪些？

2. 光伏组件设计时的外形尺寸需要考虑哪些细节？

3. 单个太阳电池片的功率通常有多大？电压、电流有多大？

4. 采用太阳电池片串联起来的一个太阳电池串的电压、电流如何计算？

5. 采用多个太阳电池片并联的一个太阳电池串的电压、电流如何计算？

6. 电池片串并联时，光伏组件的电压、电流如何计算？

7. 光伏组件的失配包含哪几个方面？是如何产生的？

8. 光伏组件的功率、电压如何计算？

1-2-2　环氧树脂胶光伏组件的版型设计与图纸绘制计划单

项目名称	环氧树脂胶光伏组件的设计与制作		班级		姓名	
组号				指导教师		

人员分工	姓名	工作内容要点	备注

进程安排	时间	工作内容要点	备注

原材料	名称	参数	用量

设备工具	名称	规格型号	数量	名称	规格型号	数量

1-2-3 环氧树脂胶光伏组件的版型设计与图纸绘制记录单

项目名称	环氧树脂胶光伏组件的设计与制作	班级		姓名	
组号			指导教师		

(一)光伏组件已知参数记录

光伏组件功率要求	
光伏组件电压要求	
光伏组件电流要求	
光伏组件尺寸要求	
光伏组件使用性能要求	

操作人：　　　　　　　复核人：　　　　　　　日期：

(二)计划使用太阳电池片的参数记录

太阳电池片的类型		太阳电池片的尺寸	
太阳电池片的功率		太阳电池片的开路电压	
太阳电池片的栅线个数		太阳电池片栅线线型（断栅/连续栅）	
太阳电池片正面图像		太阳电池片反面图像	

操作人：　　　　　　　复核人：　　　　　　　日期：

(三)光伏组件设计过程记录

1. 确定太阳电池片的数量

2. 确定太阳电池片的划片数量

3. 版型设计

操作人：　　　　　　　复核人：　　　　　　　日期：

续表

(四)光伏组件设计版型图

<table>
<tr><td colspan="3" align="center">光伏组件设计版型图</td></tr>
<tr><td colspan="3" height="600"></td></tr>
<tr><td>操作人：</td><td>复核人：</td><td>日期：</td></tr>
</table>

(五)光伏组件设计细节尺寸记录

电池片与电池片的间距		电池串与电池串的间距	
电池片离玻璃边缘的距离		汇流条引线间距	
汇流条引线离玻璃边缘的距离		光伏组件长宽高尺寸	
操作人：	复核人：	日期：	

(六)光伏组件与应用产品装配尺寸检查

光伏组件设计长宽高	
应用产品所需组件长宽高	
误差范围	
操作人：　　　　　复核人：　　　　　日期：	

1-2-4　环氧树脂胶光伏组件的版型设计与图纸绘制核验单

项目名称	环氧树脂胶光伏组件的设计与制作	班级		姓名	
组号			指导教师		
图纸描述					
光伏组件图纸					

方案审核意见： 签名：	生产部会签意见： 签名：

改进建议：

生产部评审意见	
技术质量部评审意见	
审批意见	

1-2-5　环氧树脂胶光伏组件的版型设计与图纸绘制评价单

项目名称	环氧树脂胶光伏组件的设计与制作		班级		姓名	
组号					指导教师	

	考核内容	考核标准	满分	得分
小组成绩 （30%）	实操准备	计划单填写认真，分工明确、时间分配合理	10	
		器材准备充分，数量和质量合格	10	
	实操清场	能及时完成器材的整理、归位	20	
		清场时，会关闭门窗、切断水电	10	
	任务完成	按时完成任务、效果好	20	
	演示和汇报	能有效收集和利用相关文献资料	10	
		能运用语言、文字进行准确表达	10	
	设计图纸	观测指标合理，操作方法正确可行	10	
		合计	100	

	考核内容	考核标准	满分	得分
个人成绩 （70%）	操作能力	操作规范、有序	20	
	任务完成	工作记录填写正确	10	
	课堂表现	遵守学习纪律，正确回答课堂提问	10	
	课后作业	按时完成作业，准确率高	10	
	考勤	按时出勤，无迟到、早退和旷课	10	
	自我管理	能按计划单完成相应任务	10	
	团队合作	能与小组成员分工协作，完成项目准备、清场等工作	10	
	表达能力	能与小组成员进行有效沟通，演示和汇报质量高	10	
	学习能力	能按时完成信息单，准确率高	10	
		合计	100	

总体评价	

1-3-1 环氧树脂胶光伏组件的制作信息单

项目名称	环氧树脂胶光伏组件的设计与制作	班级		姓名	
组号			指导教师		

1. 为什么要使用激光划片机切割电池片？激光划片机的原理是什么？

2. 太阳电池片的焊接和常规电路板的焊接有什么异同？

3. 电池片焊接时的烙铁温度一般多少℃比较合适？所用烙铁头和焊接电路板的烙铁头一样吗？

4. 恒温电烙铁的温度不准确时，可用什么仪器检测？

5. 太阳电池单元焊接时，助焊剂起什么作用？如何使用？

6. 如何判断太阳电池串焊接的质量好坏？

7. 焊接汇流带时，需要注意哪些技巧或事项？

8. 滴胶的工艺步骤是什么？

1-3-2　环氧树脂胶光伏组件的制作计划单

项目名称	环氧树脂胶光伏组件的设计与制作		班级		姓名	
组号				指导教师		
人员分工	姓名		工作内容要点		备注	
进程安排	时间		工作内容要点		备注	
原材料	名称		参数		用量	
设备工具	名称	规格型号	数量	名称	规格型号	数量

1-3-3 环氧树脂胶光伏组件的制作记录单

项目名称	环氧树脂胶光伏组件的设计与制作		班级		姓名	
组号					指导教师	

(一)激光划片记录

准备	太阳电池片/数量		直尺	
	激光划片机操作流程指导书		设备电路、气路检查	
	指套/手套		台面清洁	
划片	开机流程		划片操作流程	
	划片参数设置		设置参数文件保存	
	激光划片路径图			
掰片	掰片数量		电池单元尺寸核查	
设备整理	关机流程		台面清洁	
	设备记录本填写		余料存放	
操作人:		复核人:		日期:	

(二)单焊记录

准备	焊接台开启		加热板开启	
	加热板温度		电池片数量核查	
	电烙铁开启		电烙铁温度	
	助焊剂		涂锡焊带	
	手套/指套		剪刀/尖嘴钳	
	台面清洁		电烙铁测温仪	
单焊	单焊示意图			

17

续表

焊接质量检查	外观检查		焊接可靠性检查	
设备整理	关闭电烙铁电源		关闭加热板电源	
	关闭焊接台电源		台面清洁	
	设备记录本填写		工具整理存放	

操作人：　　　　　　　复核人：　　　　　　　日期：

(三)串焊记录

准备	焊接台开启		加热板开启	
	加热板温度		电池片数量核查	
	电烙铁开启		电烙铁温度	
	助焊剂		涂锡焊带	
	手套/指套		剪刀/尖嘴钳	
	台面清洁		电烙铁测温仪	
串焊	串焊示意图			
焊接质量检查	外观检查		焊接可靠性检查	
	电池串正负极		电池片间距检查	
设备整理	关闭电烙铁电源		关闭加热板电源	
	关闭焊接台电源		台面清洁	
	设备记录本填写		工具整理存放	

操作人：　　　　　　　复核人：　　　　　　　日期：

(四)半成品测试记录

准备	室内太阳光源		电压表	
	电流表		电池串	
	汇流带		恒温电烙铁	
	涂锡焊带		手套/指套	
	台面清洁		直尺	

续表

电池阵列	电池阵列布排示意图			
半成品性能测试	电压数值		电流数值	
	是否需要返工			
设备整理	关闭电压表电源		关闭电流表电源	
	关闭电烙铁电源		台面清洁	
	设备记录本填写		工具整理存放	
操作人：	复核人：			日期：

(五)滴胶工艺过程记录

准备	电子天平		广口平底杯	
	圆玻璃棒		方形玻璃板	
	载具分隔垫块		干燥烘箱	
	A、B胶		吸管	
	盛胶器具		组件底板	
	手套/指套		胶带	

续表

滴胶	烘箱温度		烘干时间	
	记录操作过程中可能造成污染的步骤			

设备整理	滴胶工具清洁		烘箱电源关闭	
	烘箱清洁		台面清洁	
	设备记录本填写		工具整理存放	

操作人： 复核人： 日期：

(六)外观修整记录

准备	小刀		直尺	
	酒精		清洁布	
修整	边缘修整		背板清洁	
	组件图			

设备整理	组件产品存放		台面清洁	
	设备记录本填写		工具整理存放	

操作人： 复核人： 日期：

1-3-4 环氧树脂胶光伏组件的制作报告单

项目名称	环氧树脂胶光伏组件的设计与制作	班级		姓名	
组号			指导教师		
制作小结					
制作分析					
生产部评审意见					
技术质量部评审意见					
改进建议：					

1-3-5　环氧树脂胶光伏组件的制作评价单

项目名称	环氧树脂胶光伏组件的设计与制作		班级		姓名	
组号					指导教师	

	考核内容	考核标准	满分	得分
小组成绩 （30%）	实操准备	计划单填写认真,分工明确、时间分配合理	10	
		器材准备充分,数量和质量合格	10	
	实操清场	能及时完成器材的整理、归位	20	
		清场时,会关闭门窗、切断水电	10	
	任务完成	按时完成任务、效果好	20	
	演示和汇报	能有效收集和利用相关文献资料	10	
		能运用语言、文字进行准确表达	10	
	产品样品	工艺正确可行	10	
		合计	100	

	考核内容	考核标准	满分	得分
个人成绩 （70%）	操作能力	操作规范、有序	20	
	任务完成	工作记录填写正确	10	
	课堂表现	遵守学习纪律,正确回答课堂提问	10	
	课后作业	按时完成作业,准确率高	10	
	考勤	按时出勤,无迟到、早退和旷课	10	
	自我管理	能按计划单完成相应任务	10	
	团队合作	能与小组成员分工协作,完成项目准备、清场等工作	10	
	表达能力	能与小组成员进行有效沟通,演示和汇报质量高	10	
	学习能力	能按时完成信息单,准确率高	10	
		合计	100	

总体评价	

1-4-1 环氧树脂胶光伏组件的测试与优化记录单

项目名称	环氧树脂胶光伏组件的设计与制作		班级		姓名	
组号				指导教师		

(一)外观测试记录

外观	外观是否光滑、平整、美观	
	表面有无毛刺、气泡、皱褶等	
	边缘是否有多余的胶	

操作人：　　　　　复核人：　　　　　日期：

(二)电学性能测试记录

电学性能	在模拟光源下,组件的电压数值	
	在模拟光源下,组件的电流数值	

设备整理	关闭设备电源		台面清洁	
	设备记录本填写		工具整理存放	

操作人：　　　　　复核人：　　　　　日期：

(三)与设计方案对比

与设计方案对比	设计方案长宽高尺寸		组件长宽高尺寸	
	设计方案电池串间距		组件电池串间距	
	设计方案电池片间距		组件电池片间距	
	设计方案功率		组件功率	

操作人：　　　　　复核人：　　　　　日期：

(四)装配调试记录

装配	光伏组件、太阳能小车配件装配调试,工作情况	

操作人：　　　　　复核人：　　　　　日期：

(五)设备操作整理记录

设备整理	关闭设备电源		台面清洁	
	设备记录本填写		工具整理存放	

操作人：　　　　　复核人：　　　　　日期：

1-4-2　环氧树脂胶光伏组件的测试与优化报告单

项目名称	环氧树脂胶光伏组件的设计与制作	班级		姓名	
组号			指导教师		
小结					
反思与优化					
组件作品图像					
组件及应用产品图像					
组件及应用产品工作视频					
生产部评审意见					
技术质量部评审意见					
教师评价					
企业导师评价					

1-4-3 环氧树脂胶光伏组件的测试与优化评价单

项目名称	环氧树脂胶光伏组件的设计与制作		班级		姓名	
组号					指导教师	

	考核内容	考核标准	满分	得分
小组成绩 (30%)	实操准备	计划单填写认真,分工明确、时间分配合理	10	
		器材准备充分,数量和质量合格	10	
	实操清场	能及时完成器材的整理、归位	10	
		清场时,会关闭门窗、切断水电	10	
	任务完成	按时完成任务、效果好	20	
	演示和汇报	能有效收集和利用相关文献资料	10	
		能运用语言、文字进行准确表达	10	
	产品样品	工艺正确可行	10	
	创新性	选题科学、内容新颖,具有探索性和前景价值	10	
		合计	100	

	考核内容	考核标准	满分	得分
个人成绩 (70%)	操作能力	操作规范、有序	20	
	任务完成	工作记录填写正确	10	
	课堂表现	遵守学习纪律,正确回答课堂提问	10	
	课后作业	按时完成作业,准确率高	10	
	考勤	按时出勤,无迟到、早退和旷课	10	
	自我管理	能按计划单完成相应任务	10	
	团队合作	能与小组成员分工协作,完成项目准备、清场等工作	10	
	表达能力	能与小组成员进行有效沟通,演示和汇报质量高	10	
	学习能力	能按时完成信息单,准确率高	10	
		合计	100	

总体评价	

2-1-1　层压光伏组件的工作方案制订信息单

项目名称	常规层压光伏组件的设计与制作	班级		姓名	
组号				指导教师	

1. 常规层压光伏组件的结构是什么？

2. 层压晶体硅光伏组件的制作流程有哪些？

3. 常规层压光伏组件都用到哪些材料？

4. 层压光伏组件的检验标准有哪些？

5. 太阳能交通警示灯的应用场景有哪些？

6. 太阳能交通警示灯光伏组件的性能要求应该有哪些？

7. 太阳能交通警示灯都有哪些类型、结构？

8. 国外的光伏应用产品需要满足哪些标准？

2-1-2 层压光伏组件的工作方案制订准备计划单

项目名称	常规层压光伏组件的设计与制作		班级		姓名	
组号				指导教师		
人员分工	姓名		工作内容要点		备注	
进程安排	时间		工作内容要点		备注	
原材料	名称		准备方法		用量	
设备工具	名称	规格型号	数量	名称	规格型号	数量

2-1-3　层压光伏组件的工作方案制订过程记录单

项目名称	常规层压光伏组件的设计与制作	班级		姓名	
组号			指导教师		

(一)光伏组件的类型和规格确定记录

	组件的用途	
	组件的性能要求	
客户要求	组件的类型	
	组件的功率	
	组件的长×宽×高度尺寸	

操作人：　　　　　复核人：　　　　　日期：

(二)光伏组件的结构简图(可手工绘制)

光伏组件结构简图

操作人：　　　　　复核人：　　　　　日期：

(三)光伏组件的工艺流程图

光伏组件工艺流程图

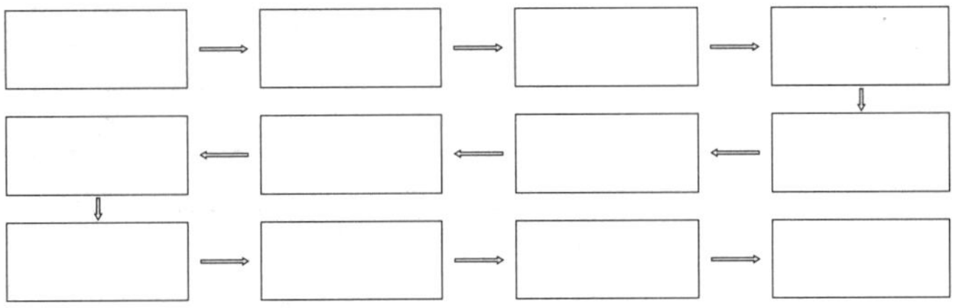

操作人：　　　　　复核人：　　　　　日期：

(四)光伏组件制作工艺步骤

光伏组件制作工艺步骤

操作人：　　　　　复核人：　　　　　日期：

续表

(五)每个工序所需的原材料、设备及辅助工具

工序	原材料	设备及辅助工具

操作人：　　　　　　复核人：　　　　　　日期：

(六)组件样品检验合格的标准

序号	项目	
1	外观	
2	电学性能	
3	装配尺寸	
4	应用	
5	依据标准	

操作人：　　　　　　复核人：　　　　　　日期：

(七)光伏组件应用产品连线简图

光伏组件应用产品连线简图

操作人：　　　　　　复核人：　　　　　　日期：

2-1-4 层压光伏组件的工作方案制订报告单

项目名称	常规层压光伏组件的设计与制作	班级		姓名	
组号			指导教师		

制作目的	
方案描述	

方案审核意见：	生产部会签意见：
签名：	签名：

改进建议：

生产部评审意见	
技术质量部评审意见	
审批意见	

2-1-5 层压光伏组件的工作方案制订评价单

项目名称	常规层压光伏组件的设计与制作	班级		姓名	
组号				指导教师	

	考核内容	考核标准	满分	得分
小组成绩 （30%）	实操准备	计划单填写认真，分工明确、时间分配合理	10	
		器材准备充分，数量和质量合格	10	
	实操清场	能及时完成器材的整理、归位	20	
		清场时，会关闭门窗、切断水电	10	
	任务完成	按时完成任务、效果好	20	
	演示和汇报	能有效收集和利用相关文献资料	10	
		能运用语言、文字进行准确表达	10	
	工作方案	观测指标合理，操作方法正确可行	10	
		合计	100	

	考核内容	考核标准	满分	得分
个人成绩 （70%）	操作能力	操作规范、有序	20	
	任务完成	工作记录填写正确	10	
	课堂表现	遵守学习纪律，正确回答课堂提问	10	
	课后作业	按时完成作业，准确率高	10	
	考勤	按时出勤，无迟到、早退和旷课	10	
	自我管理	能按计划单完成相应任务	10	
	团队合作	能与小组成员分工协作，完成项目准备、清场等工作	10	
	表达能力	能与小组成员进行有效沟通，演示和汇报质量高	10	
	学习能力	能按时完成信息单，准确率高	10	
		合计	100	

总体评价	

2-2-1　层压光伏组件的版型设计与图纸绘制信息单

项目名称	常规层压光伏组件的设计与制作	班级		姓名	
组号				指导教师	

1.热斑效应是什么?

2.如何减小或避免光伏组件热斑效应的影响?

3.层压光伏组件设计时需要考虑哪些性能?

4.层压光伏组件设计时,在外观尺寸方面需要考虑哪些因素?

2-2-2 层压光伏组件的版型设计与图纸绘制计划单

项目名称	常规层压光伏组件的设计与制作	班级		姓名	
组号			指导教师		

人员分工	姓名	工作内容要点	备注

进程安排	时间	工作内容要点	备注

原材料	名称	参数	用量

设备工具	名称	规格型号	数量	名称	规格型号	数量

2-2-3　层压光伏组件的版型设计与图纸绘制记录单

项目名称	常规层压光伏组件的设计与制作	班级		姓名	
组号				指导教师	

(一)光伏组件已知参数记录

光伏组件功率要求	
光伏组件电压要求	
光伏组件电流要求	
光伏组件尺寸要求	
光伏组件使用性能要求	

操作人：　　　　　　　复核人：　　　　　　　日期：

(二)计划使用太阳电池片的参数记录

太阳电池片的类型		太阳电池片的尺寸	
太阳电池片的功率		太阳电池片的开路电压	
太阳电池片的栅线个数		太阳电池片栅线线型 （断栅/连续栅）	
太阳电池片正面图像		太阳电池片反面图像	

操作人：　　　　　　　复核人：　　　　　　　日期：

(三)光伏组件设计过程记录

1.确定太阳电池片的数量

2.确定太阳电池片的划片数量

3.版型设计

操作人：　　　　　　　复核人：　　　　　　　日期：

续表

(四)光伏组件设计版型图

光伏组件设计版型图

操作人:	复核人:	日期:

(五)光伏组件设计细节尺寸记录

电池片与电池片的间距		电池串与电池串的间距	
电池片离玻璃边缘的距离		汇流条引线间距	
汇流条引线离玻璃边缘的距离		光伏组件长宽高尺寸	

操作人:	复核人:	日期:

(六)光伏组件与应用产品装配尺寸检查

光伏组件设计长宽高	
应用产品所需组件长宽高	
误差范围	

操作人:	复核人:	日期:

2-2-4 层压光伏组件的版型设计与图纸绘制核验单

项目名称	常规层压光伏组件的设计与制作	班级		姓名	
组号			指导教师		
图纸描述					
光伏组件图纸					
方案审核意见： 签名：			生产部会签意见： 签名：		
改进建议：					
生产部评审意见					
技术质量部评审意见					
审批意见					

2-2-5 层压光伏组件的版型设计与图纸绘制评价单

项目名称	常规层压光伏组件的设计与制作		班级		姓名	
组号				指导教师		

小组成绩（30%）	考核内容	考核标准	满分	得分
	实操准备	计划单填写认真，分工明确、时间分配合理	10	
		器材准备充分，数量和质量合格	10	
	实操清场	能及时完成器材的整理、归位	20	
		清场时，会关闭门窗、切断水电	10	
	任务完成	按时完成任务、效果好	20	
	演示和汇报	能有效收集和利用相关文献资料	10	
		能运用语言、文字进行准确表达	10	
	设计图纸	观测指标合理，操作方法正确可行	10	
		合计	100	

个人成绩（70%）	考核内容	考核标准	满分	得分
	操作能力	操作规范、有序	20	
	任务完成	工作记录填写正确	10	
	课堂表现	遵守学习纪律，正确回答课堂提问	10	
	课后作业	按时完成作业，准确率高	10	
	考勤	按时出勤，无迟到、早退和旷课	10	
	自我管理	能按计划单完成相应任务	10	
	团队合作	能与小组成员分工协作，完成项目准备、清场等工作	10	
	表达能力	能与小组成员进行有效沟通，演示和汇报质量高	10	
	学习能力	能按时完成信息单，准确率高	10	
		合计	100	

总体评价	

2-3-1 层压光伏组件的制作信息单

项目名称	常规层压光伏组件的设计与制作	班级		姓名	
组号			指导教师		

1. 太阳电池分选的作用是什么?

2. 太阳电池分选机的原理是什么?

3. 太阳电池分选机使用时,为什么要用标准片标定?

4. 叠层铺设工序的主要工作步骤是什么?

5. 层压的作用是什么?

6. 层压机的工作原理是什么?

7. 修边工序的作用是什么?

8. 层压之前的中间检测环节的目的是什么?

2-3-2 层压光伏组件的制作计划单

项目名称	常规层压光伏组件的设计与制作		班级		姓名	
组号				指导教师		
人员分工	姓名		工作内容要点		备注	
进程安排	时间		工作内容要点		备注	
原材料	名称		参数		用量	
设备工具	名称	规格型号	数量	名称	规格型号	数量

2-3-3 层压光伏组件的制作记录单

项目名称	常规层压光伏组件的设计与制作		班级		姓名	
组号					指导教师	

(一)太阳电池分选记录

准备	太阳电池片型号		标准太阳电池片型号		
	分选机操作流程指导书		设备电路、气路检查		
	指套/手套		台面清洁		
标定	开机流程		软件操作流程		
	标定参数设置		标定误差		
	标准片参数				
测试	测试参数组编号	开路电压	短路电流	功率	效率
设备整理	关机流程		台面清洁		
	设备记录本填写		余料存放		

操作人: 　　　　　　复核人: 　　　　　　日期:

(二)激光划片记录

准备	太阳电池片/数量		直尺		
	激光划片机操作流程指导书		设备电路、气路检查		
	指套/手套		台面清洁		
划片	开机流程		划片操作流程		
	划片参数设置		设置参数文件保存		
	激光划片路径图				

续表

掰片	掰片数量		电池单元尺寸核查	
设备整理	关机流程		台面清洁	
	设备记录本填写		余料存放	
操作人：		复核人：		日期：

(三)单焊记录

准备	焊接台开启		加热板开启	
	加热板温度		电池片数量核查	
	电烙铁开启		电烙铁温度	
	助焊剂		涂锡焊带	
	手套/指套		剪刀/尖嘴钳	
	台面清洁		电烙铁测温仪	
单焊	单焊示意图			
焊接质量检查	外观检查		焊接可靠性检查	
设备整理	关闭电烙铁电源		关闭加热板电源	
	关闭焊接台电源		台面清洁	
	设备记录本填写		工具整理存放	
操作人：		复核人：		日期：

(四)串焊记录

准备	焊接台开启		加热板开启	
	加热板温度		电池片数量核查	
	电烙铁开启		电烙铁温度	
	助焊剂		涂锡焊带	
	手套/指套		剪刀/尖嘴钳	
	台面清洁		电烙铁测温仪	
串焊	串焊示意图			

续表

焊接质量检查	外观检查		焊接可靠性检查	
	电池串正负极		电池片间距检查	
设备整理	关闭电烙铁电源		关闭加热板电源	
	关闭焊接台电源		台面清洁	
	设备记录本填写		工具整理存放	

操作人：　　　　　　复核人：　　　　　　日期：

(五)叠层铺设记录

准备	叠层铺设台		裁切台	
	EVA		电池串	
	背板		前面板玻璃	
	胶带		恒温电烙铁	
	汇流带		手套/指套	
	台面清洁		直尺	
叠层铺设	叠层铺设布排示意图			
铺设检查	上 EVA 绒面朝向		下 EVA 绒面朝向	
	背板哑光面朝向		EVA 尺寸	
	背板尺寸		面板玻璃尺寸	
	电池串间距		电池片间距	
	汇流带与面板间距		汇流带与电池片间距	
设备整理	关闭电压表电源		关闭电流表电源	
	关闭电烙铁电源		台面清洁	
	设备记录本填写		工具整理存放	

操作人：　　　　　　复核人：　　　　　　日期：

(六)半成品测试记录

准备	室内太阳光源		电压表	
	电流表		电池串	
	汇流带		恒温电烙铁	
	涂锡焊带		手套/指套	
	台面清洁		直尺	

续表

电池阵列	电池阵列布排示意图			
半成品性能测试	电压数值		电流数值	
	是否需要返工			
设备整理	关闭电压表电源		关闭电流表电源	
	关闭电烙铁电源		台面清洁	
	设备记录本填写		工具整理存放	
操作人：		复核人：		日期：

(七)层压工艺过程记录

准备	层压机		设备电路、气路检查	
	层压机操作流程指导书		层压机设置参数	
	叠层铺设好的材料		工具箱(钳子等)	
	高温布四块		胶带	
	刮板		耐高温手套	
	设备台面清洁		设备腔体清洁	
层压	层压温度		层压时间	
	记录操作过程可能造成不合格组件的工艺步骤			
固化	固化时间		层压效果	
设备整理	层压机腔体清洁		层压机电源关闭	
	高温布清洁		台面清洁	
	设备记录本填写		工具整理存放	
操作人：		复核人：		日期：

续表

(八)修整记录

准备	小刀		直尺	
	酒精		清洁布	
修整	边缘修整		背板清洁	
	组件图			
设备整理	组件产品存放		台面清洁	
	设备记录本填写		工具整理存放	

操作人：　　　　　　　复核人：　　　　　　　日期：

(九)装边框记录

准备	组框机		设备电路、气路检查	
	组框机操作流程指导书		组框机设置参数	
	需要装框的组件		工具箱(钳子等)	
	铝合金边框部件		手套	
	硅胶		设备台面清洁	
组框	注入密封硅胶		固化时间	
	装边框后的组件的图像			
设备整理	组框机气路关闭		组框机电源关闭	
	设备记录本填写		机器清洁	
	工具整理存放			

操作人：　　　　　　　复核人：　　　　　　　日期：

续表

(十)装接线盒记录					
准备	接线盒		组件		
	焊锡		电烙铁		
	二极管		有机硅胶		
	螺钉旋具		螺钉		
	透明胶带		手套/指套		
	台面清洁				
装接线盒	接线盒连接示意图				
固化	固化时间		安装接线盒效果		
设备整理	电烙铁电源关闭		台面清洁		
	设备记录本填写		工具整理存放		
操作人：		复核人：		日期：	

2-3-4　层压光伏组件的制作报告单

项目名称	常规层压光伏组件的设计与制作	班级		姓名	
组号			指导教师		
制作小结					
制作分析					
生产部评审意见					
技术质量部评审意见					
改进建议					

2-3-5　层压光伏组件的制作评价单

项目名称	常规层压光伏组件的设计与制作		班级		姓名	
组号					指导教师	

	考核内容	考核标准	满分	得分
小组成绩 （30%）	实操准备	计划单填写认真，分工明确、时间分配合理	10	
		器材准备充分，数量和质量合格	10	
	实操清场	能及时完成器材的整理、归位	20	
		清场时，会关闭门窗、切断水电	10	
	任务完成	按时完成任务、效果好	20	
	演示和汇报	能有效收集和利用相关文献资料	10	
		能运用语言、文字进行准确表达	10	
	产品样品	工艺正确可行	10	
		合计	100	

	考核内容	考核标准	满分	得分
个人成绩 （70%）	操作能力	操作规范、有序	20	
	任务完成	工作记录填写正确	10	
	课堂表现	遵守学习纪律，正确回答课堂提问	10	
	课后作业	按时完成作业，准确率高	10	
	考勤	按时出勤，无迟到、早退和旷课	10	
	自我管理	能按计划单完成相应任务	10	
	团队合作	能与小组成员分工协作，完成项目准备、清场等工作	10	
	表达能力	能与小组成员进行有效沟通，演示和汇报质量高	10	
	学习能力	能按时完成信息单，准确率高	10	
		合计	100	

总体评价	

2-4-1　层压光伏组件的测试与优化信息单

项目名称	常规层压光伏组件的设计与制作	班级		姓名	
组号				指导教师	

1. 光伏组件铭牌上的参数通常是在什么条件下测试的?

2. 光伏组件 I-V 测试的原理是什么?

3. STC 条件是什么?

4. 光伏组件 I-V 测试的测试步骤是什么?

5. 光伏组件 I-V 测试仪需要标定吗?

6. 光伏组件 I-V 测试仪的模拟光源的光强通常是多少?

7. 光伏组件 I-V 测试仪的测试条件是什么?

2-4-2　层压光伏组件的测试与优化计划单

项目名称	常规层压光伏组件的设计与制作		班级		姓名	
组号				指导教师		
人员分工	姓名		工作内容要点		备注	
进程安排	时间		工作内容要点		备注	
原材料	名称		参数		用量	
设备工具	名称	规格型号	数量	名称	规格型号	数量

2-4-3 层压光伏组件的测试与优化记录单

项目名称	常规层压光伏组件的设计与制作		班级		姓名	
组号					指导教师	

（一）外观测试记录

外观	外观是否光滑、平整、美观	
	有无移位、气泡、皱褶、碎片等	
	边缘是否有多余的胶	

操作人：	复核人：	日期：

（二）电学性能测试记录

电学性能	在模拟光源下，组件的电压数值	
	在模拟光源下，组件的电流数值	

设备整理	关闭设备电源		台面清洁	
	设备记录本填写		工具整理存放	

操作人：	复核人：	日期：

（三）与设计方案对比

与设计方案对比	设计方案长宽高尺寸		组件长宽高尺寸	
	设计方案电池串间距		组件电池串间距	
	设计方案电池片间距		组件电池片间距	
	设计方案功率		组件功率	

操作人：	复核人：	日期：

（四）装配调试记录

装配	光伏组件、太阳能警示灯配件装配调试，工作情况	

操作人：	复核人：	日期：

（五）设备操作整理记录

设备整理	关闭设备电源		台面清洁	
	设备记录本填写		工具整理存放	

操作人：	复核人：	日期：

2-4-4　层压光伏组件的测试与优化报告单

项目名称	常规层压光伏组件的设计与制作	班级		姓名	
组号			指导教师		
小结					
反思与优化					
组件作品图像					
组件及应用产品图像					
组件及应用产品工作视频					
生产部评审意见					
技术质量部评审意见					
教师评价					
企业导师评价					

2-4-5　层压光伏组件的测试与优化评价单

项目名称	常规层压光伏组件的设计与制作		班级		姓名	
组号				指导教师		

	考核内容	考核标准	满分	得分
小组成绩 （30%）	实操准备	计划单填写认真，分工明确、时间分配合理	10	
		器材准备充分，数量和质量合格	10	
	实操清场	能及时完成器材的整理、归位	10	
		清场时，会关闭门窗、切断水电	10	
	任务完成	按时完成任务、效果好	20	
	演示和汇报	能有效收集和利用相关文献资料	10	
		能运用语言、文字进行准确表达	10	
	产品样品	工艺正确可行	10	
	创新性	选题科学、内容新颖，具有探索性和前景价值	10	
		合计	100	

	考核内容	考核标准	满分	得分
个人成绩 （70%）	操作能力	操作规范、有序	20	
	任务完成	工作记录填写正确	10	
	课堂表现	遵守学习纪律，正确回答课堂提问	10	
	课后作业	按时完成作业，准确率高	10	
	考勤	按时出勤，无迟到、早退和旷课	10	
	自我管理	能按计划单完成相应任务	10	
	团队合作	能与小组成员分工协作，完成项目准备、清场等工作	10	
	表达能力	能与小组成员进行有效沟通，演示和汇报质量高	10	
	学习能力	能按时完成信息单，准确率高	10	
		合计	100	

总体评价	

3-1-1　半片光伏组件的工作方案制订信息单

项目名称	半片光伏组件的设计与制作	班级		姓名	
组号				指导教师	

1. 什么是半片光伏组件？

2. 农光互补用光伏组件通常要满足哪些要求？

3. 半片光伏组件的结构是怎样的？

4. 半片光伏组件与常规光伏组件有哪些区别？

5. 制作半片光伏组件会用到哪些材料？

6. 制作半片光伏组件会用到哪些工具？

7. 市场上的半片光伏组件通常是多少片电池片？

8. 市场上的半片光伏组件功率通常是多少？

3-1-2　半片光伏组件的工作方案制订准备计划单

项目名称	半片光伏组件的设计与制作		班级		姓名	
组号				指导教师		
人员分工	姓名		工作内容要点		备注	
进程安排	时间		工作内容要点		备注	
原材料	名称		准备方法		用量	
设备工具	名称	规格型号	数量	名称	规格型号	数量

3-1-3 半片光伏组件的工作方案制订过程记录单

项目名称	半片光伏组件的设计与制作	班级		姓名	
组号				指导教师	

(一)光伏组件的类型和规格确定记录

	组件的用途	
	组件的性能要求	
客户要求	组件的类型	
	组件的功率	
	组件的长×宽×高度尺寸	

操作人：　　　　　　　复核人：　　　　　　　日期：

(二)光伏组件的结构简图(可手工绘制)

光伏组件结构简图

操作人：　　　　　　　复核人：　　　　　　　日期：

(三)光伏组件的工艺流程图

光伏组件工艺流程图

操作人：　　　　　　　复核人：　　　　　　　日期：

(四)光伏组件制作工艺步骤

光伏组件制作工艺步骤

操作人：　　　　　　　复核人：　　　　　　　日期：

续表

(五)每个工序所需的原材料、设备及辅助工具

工序	原材料	设备及辅助工具

操作人：　　　　　　　复核人：　　　　　　　日期：

(六)组件样品检验合格的标准

序号	项目	
1	外观	
2	电学性能	
3	装配尺寸	
4	应用	
5	依据标准	

操作人：　　　　　　　复核人：　　　　　　　日期：

(七)光伏组件应用产品连线简图

光伏组件应用产品连线简图

操作人：　　　　　　　复核人：　　　　　　　日期：

3-1-4　半片光伏组件的工作方案制订报告单

项目名称	半片光伏组件的设计与制作	班级		姓名	
组号			指导教师		

制作目的	
方案描述	

方案审核意见： 签名：	生产部会签意见： 签名：

改进建议：

生产部评审意见	
技术质量部评审意见	
审批意见	

3-1-5 半片光伏组件的工作方案制订评价单

项目名称	半片光伏组件的设计与制作		班级		姓名	
组号				指导教师		

	考核内容	考核标准	满分	得分
小组成绩 (30%)	实操准备	计划单填写认真,分工明确、时间分配合理	10	
		器材准备充分,数量和质量合格	10	
	实操清场	能及时完成器材的整理、归位	20	
		清场时,会关闭门窗、切断水电	10	
	任务完成	按时完成任务、效果好	20	
	演示和汇报	能有效收集和利用相关文献资料	10	
		能运用语言、文字进行准确表达	10	
	工作方案	观测指标合理,操作方法正确可行	10	
		合计	100	

	考核内容	考核标准	满分	得分
个人成绩 (70%)	操作能力	操作规范、有序	20	
	任务完成	工作记录填写正确	10	
	课堂表现	遵守学习纪律,正确回答课堂提问	10	
	课后作业	按时完成作业,准确率高	10	
	考勤	按时出勤,无迟到、早退和旷课	10	
	自我管理	能按计划单完成相应任务	10	
	团队合作	能与小组成员分工协作,完成项目准备、清场等工作	10	
	表达能力	能与小组成员进行有效沟通,演示和汇报质量高	10	
	学习能力	能按时完成信息单,准确率高	10	
		合计	100	

总体评价	

3-2-1　半片光伏组件的版型设计与图纸绘制信息单

项目名称	半片光伏组件的设计与制作	班级		姓名	
组号			指导教师		

1.半片光伏组件内部结构设计有几种形式?

2.为了保证和常规组件的整体输出电压、电流一致,半片电池组件一般会采用什么结构设计?

3.与常规光伏组件相比,半片光伏组件的电压、电流、电阻有哪些变化?

4.半片光伏组件的接线盒连接,一般采用什么结构?

5.半片光伏组件的优势有哪些?

6.双玻单晶半片 144P 光伏组件的功率一般在多少 W?

7.半片光伏组件如何进行合理的分串?

3-2-2　半片光伏组件的版型设计与图纸绘制计划单

项目名称	半片光伏组件的设计与制作		班级		姓名	
组号				指导教师		
人员分工	姓名		工作内容要点		备注	
进程安排	时间		工作内容要点		备注	
原材料	名称		参数		用量	
设备工具	名称	规格型号	数量	名称	规格型号	数量

3-2-3　半片光伏组件的版型设计与图纸绘制记录单

项目名称	半片光伏组件的设计与制作	班级		姓名	
组号			指导教师		

(一)光伏组件已知参数记录

光伏组件功率要求	
光伏组件电压要求	
光伏组件电流要求	
光伏组件尺寸要求	
光伏组件使用性能要求	

操作人：　　　　　　　复核人：　　　　　　　日期：

(二)计划使用太阳电池片的参数记录

太阳电池片的类型		太阳电池片的尺寸	
太阳电池片的功率		太阳电池片的开路电压	
太阳电池片的栅线个数		太阳电池片栅线线型 (断栅/连续栅)	
太阳电池片正面图像		太阳电池片反面图像	

操作人：　　　　　　　复核人：　　　　　　　日期：

(三)光伏组件设计过程记录

1.确定太阳电池片的数量	
2.确定太阳电池片的划片数量	
3.版型设计	

操作人：　　　　　　　复核人：　　　　　　　日期：

续表

(四)光伏组件设计版型图

光伏组件设计版型图
操作人：　　　　　　复核人：　　　　　　日期：

(五)光伏组件设计细节尺寸记录

电池片与电池片的间距		电池串与电池串的间距	
电池片离玻璃边缘的距离		汇流条引线间距	
汇流条引线离玻璃边缘的距离		光伏组件长宽高尺寸	

操作人：　　　　　　复核人：　　　　　　日期：

(六)光伏组件与应用产品装配尺寸检查

光伏组件设计长宽高	
应用产品所需组件长宽高	
误差范围	

操作人：　　　　　　复核人：　　　　　　日期：

3-2-4　半片光伏组件的版型设计与图纸绘制核验单

项目名称	半片光伏组件的设计与制作	班级		姓名	
组号			指导教师		
图纸描述					
光伏组件图纸					
方案审核意见： 签名：			生产部会签意见： 签名：		
改进建议：					
生产部评审意见					
技术质量部评审意见					
审批意见					

3-2-5　半片光伏组件的版型设计与图纸绘制评价单

项目名称	半片光伏组件的设计与制作		班级		姓名	
组号				指导教师		

小组成绩 （30%）	考核内容	考核标准	满分	得分
	实操准备	计划单填写认真，分工明确，时间分配合理	10	
		器材准备充分，数量和质量合格	10	
	实操清场	能及时完成器材的整理、归位	20	
		清场时，会关闭门窗、切断水电	10	
	任务完成	按时完成任务、效果好	20	
	演示和汇报	能有效收集和利用相关文献资料	10	
		能运用语言、文字进行准确表达	10	
	设计图纸	观测指标合理，操作方法正确可行	10	
		合计	100	

个人成绩 （70%）	考核内容	考核标准	满分	得分
	操作能力	操作规范、有序	20	
	任务完成	工作记录填写正确	10	
	课堂表现	遵守学习纪律，正确回答课堂提问	10	
	课后作业	按时完成作业，准确率高	10	
	考勤	按时出勤，无迟到、早退和旷课	10	
	自我管理	能按计划单完成相应任务	10	
	团队合作	能与小组成员分工协作，完成项目准备、清场等工作	10	
	表达能力	能与小组成员进行有效沟通，演示和汇报质量高	10	
	学习能力	能按时完成信息单，准确率高	10	
		合计	100	

总体评价	

3-3-1　半片光伏组件的制作信息单

项目名称	半片光伏组件的设计与制作	班级		姓名	
组号				指导教师	

1. 背板材料通常有哪些可以选用？

2. 半片光伏组件封装过程中，哪些步骤用到硅胶？

3. 半片光伏组件制作过程中，哪些步骤用到透明胶带？透明胶带的作用是什么？

4. EVA胶膜在组件封装的过程起什么作用？

3-3-2 半片光伏组件的制作计划单

项目名称	半片光伏组件的设计与制作		班级		姓名	
组号					指导教师	
人员分工	姓名		工作内容要点		备注	
进程安排	时间		工作内容要点		备注	
原材料	名称		参数		用量	
设备工具	名称	规格型号	数量	名称	规格型号	数量

3-3-3 半片光伏组件的制作记录单

项目名称	半片光伏组件的设计与制作		班级		姓名	
组号					指导教师	

(一)太阳电池分选记录

准备	太阳电池片型号		标准太阳电池片型号	
	分选机操作流程指导书		设备电路、气路检查	
	指套/手套		台面清洁	
标定	开机流程		软件操作流程	
	标定参数设置		标定误差	
	标准片参数			

	测试参数组编号	开路电压	短路电流	功率	效率
测试					

设备整理	关机流程		台面清洁	
	设备记录本填写		余料存放	

操作人：　　　　　　复核人：　　　　　　日期：

(二)激光划片记录

准备	太阳电池片/数量		直尺	
	激光划片机操作流程指导书		设备电路、气路检查	
	指套/手套		台面清洁	
划片	开机流程		划片操作流程	
	划片参数设置		设置参数文件保存	
	激光划片路径图			

续表

	掰片	掰片数量		电池单元尺寸核查	
设备整理		关机流程		台面清洁	
		设备记录本填写		余料存放	
操作人：			复核人：		日期：

(三)单焊记录

准备	焊接台开启		加热板开启		
	加热板温度		电池片数量核查		
	电烙铁开启		电烙铁温度		
	助焊剂		涂锡焊带		
	手套/指套		剪刀/尖嘴钳		
	台面清洁		电烙铁测温仪		
单焊	单焊示意图				
焊接质量检查	外观检查		焊接可靠性检查		
设备整理	关闭电烙铁电源		关闭加热板电源		
	关闭焊接台电源		台面清洁		
	设备记录本填写		工具整理存放		

操作人：　　　　　　复核人：　　　　　　日期：

(四)串焊记录

准备	焊接台开启		加热板开启		
	加热板温度		电池片数量核查		
	电烙铁开启		电烙铁温度		
	助焊剂		涂锡焊带		
	手套/指套		剪刀/尖嘴钳		
	台面清洁		电烙铁测温仪		
串焊	串焊示意图				

续表

焊接质量检查	外观检查		焊接可靠性检查	
	电池串正负极		电池片间距检查	
设备整理	关闭电烙铁电源		关闭加热板电源	
	关闭焊接台电源		台面清洁	
	设备记录本填写		工具整理存放	

操作人：　　　　　　复核人：　　　　　　日期：

(五)叠层铺设记录

准备	叠层铺设台		裁切台	
	EVA		电池串	
	背板		前面板玻璃	
	胶带		恒温电烙铁	
	汇流带		手套/指套	
	台面清洁		直尺	
叠层铺设	叠层铺设布排示意图			
铺设检查	上 EVA 绒面朝向		下 EVA 绒面朝向	
	背板哑光面朝向		EVA 尺寸	
	背板尺寸		面板玻璃尺寸	
	电池串间距		电池片间距	
	汇流带与面板间距		汇流带与电池片间距	
设备整理	关闭电压表电源		关闭电流表电源	
	关闭电烙铁电源		台面清洁	
	设备记录本填写		工具整理存放	

操作人：　　　　　　复核人：　　　　　　日期：

(六)半成品测试记录

准备	室内太阳光源		电压表	
	电流表		电池串	
	汇流带		恒温电烙铁	
	涂锡焊带		手套/指套	
	台面清洁		直尺	

续表

电池阵列	电池阵列布排示意图			
半成品性能测试	电压数值		电流数值	
	是否需要返工			
设备整理	关闭电压表电源		关闭电流表电源	
	关闭电烙铁电源		台面清洁	
	设备记录本填写		工具整理存放	
操作人：		复核人：		日期：

(七)层压工艺过程记录

准备	层压机		设备电路、气路检查	
	层压机操作流程指导书		层压机设置参数	
	叠层铺设好的材料		工具箱(钳子等)	
	高温布四块		胶带	
	刮板		耐高温手套	
	设备台面清洁		设备腔体清洁	
层压	层压温度		层压时间	
	记录操作过程可能造成不合格组件的工艺步骤			
固化	固化时间		层压效果	
设备整理	层压机腔体清洁		层压机电源关闭	
	高温布清洁		台面清洁	
	设备记录本填写		工具整理存放	
操作人：		复核人：		日期：

续表

(八)修整记录

准备	小刀		直尺	
	酒精		清洁布	
修整	边缘修整		背板清洁	
	组件图			
设备整理	组件产品存放		台面清洁	
	设备记录本填写		工具整理存放	

操作人：　　　　　　　复核人：　　　　　　　日期：

(九)装边框记录

准备	组框机		设备电路、气路检查	
	组框机操作流程指导书		组框机设置参数	
	需要装框的组件		工具箱(钳子等)	
	铝合金边框部件		手套	
	硅胶		设备台面清洁	
组框	注入密封硅胶		固化时间	
	装边框后的组件的图像			
设备整理	组框机气路关闭		组框机电源关闭	
	设备记录本填写		机器清洁	
	工具整理存放			

操作人：　　　　　　　复核人：　　　　　　　日期：

续表

(十)装接线盒记录

准备	接线盒		组件	
	焊锡		电烙铁	
	二极管		有机硅胶	
	螺钉旋具		螺钉	
	透明胶带		手套/指套	
	台面清洁			
装接线盒	接线盒连接示意图			
固化	固化时间		安装接线盒效果	
设备整理	电烙铁电源关闭		台面清洁	
	设备记录本填写		工具整理存放	
操作人：		复核人：		日期：

3-3-4 半片光伏组件的制作报告单

项目名称	半片光伏组件的设计与制作	班级		姓名	
组号			指导教师		
制作小结					
制作分析					
生产部评审意见					
技术质量部评审意见					
改进建议					

3-3-5 半片光伏组件的制作评价单

项目名称	半片光伏组件的设计与制作		班级		姓名	
组号				指导教师		

	考核内容	考核标准	满分	得分
小组成绩 (30%)	实操准备	计划单填写认真,分工明确、时间分配合理	10	
	实操准备	器材准备充分,数量和质量合格	10	
	实操清场	能及时完成器材的整理、归位	20	
	实操清场	清场时,会关闭门窗、切断水电	10	
	任务完成	按时完成任务、效果好	20	
	演示和汇报	能有效收集和利用相关文献资料	10	
	演示和汇报	能运用语言、文字进行准确表达	10	
	产品样品	工艺正确可行	10	
		合计	100	

	考核内容	考核标准	满分	得分
个人成绩 (70%)	操作能力	操作规范、有序	20	
	任务完成	工作记录填写正确	10	
	课堂表现	遵守学习纪律,正确回答课堂提问	10	
	课后作业	按时完成作业,准确率高	10	
	考勤	按时出勤,无迟到、早退和旷课	10	
	自我管理	能按计划单完成相应任务	10	
	团队合作	能与小组成员分工协作,完成项目准备、清场等工作	10	
	表达能力	能与小组成员进行有效沟通,演示和汇报质量高	10	
	学习能力	能按时完成信息单,准确率高	10	
		合计	100	

总体评价	

3-4-1　半片光伏组件的测试与优化信息单

项目名称	半片光伏组件的设计与制作	班级		姓名	
组号			指导教师		

1. 半片光伏组件的外观检测要求有哪些?

2. 半片光伏组件的电性能参数测试公差允许多少?

3. 如何验证旁路二极管的工作效果?

4. 为什么说半片组件能够更好地降低热斑效应的概率?

5. 如何评估旁路二极管的功耗?

6. 关于半片光伏组件的耐压绝缘测试,要求按照什么比例抽样检测?

7. 接线盒的检验要求是什么?

3-4-2 半片光伏组件的测试与优化计划单

项目名称	半片光伏组件的设计与制作		班级		姓名	
组号				指导教师		
人员分工	姓名		工作内容要点		备注	
进程安排	时间		工作内容要点		备注	
原材料	名称		参数		用量	
设备工具	名称	规格型号	数量	名称	规格型号	数量

3-4-3 半片光伏组件的测试与优化记录单

项目名称	半片光伏组件的设计与制作	班级		姓名	
组号				指导教师	

(一)外观测试记录

外观	背板	
	电池片	
	图形排列	
	正面气泡	
	异物	
	玻璃	
	边框	
	接线盒	
	配件、标贴	
	材料	

操作人:　　　　　　　复核人:　　　　　　　日期:

(二)电学性能测试记录

电学性能	在模拟光源下,组件的电压数值	
	在模拟光源下,组件的电流数值	
	在模拟光源下,组件的效率数值	
	在模拟光源下,组件的功率数值	
	耐压绝缘数值	
	$I-V$ 曲线简图	

设备整理	关闭设备电源		台面清洁	
	设备记录本填写		工具整理存放	

操作人:　　　　　　　复核人:　　　　　　　日期:

续表

(三)与设计方案对比

与设计方案对比	设计方案长宽高尺寸		组件长宽高尺寸	
	设计方案电池串间距		组件电池串间距	
	设计方案电池片间距		组件电池片间距	
	设计方案功率		组件功率	

操作人： 复核人： 日期：

(四)装配调试记录

装配	光伏组件按照农光互补电站要求装配调试,工作情况	
调试	组件工作示意图或图片	

操作人： 复核人： 日期：

(五)设备操作整理记录

设备整理	关闭设备电源		台面清洁	
	设备记录本填写		工具整理存放	

操作人： 复核人： 日期：

3-4-4　半片光伏组件的测试与优化报告单

项目名称	半片光伏组件的设计与制作	班级		姓名	
组号			指导教师		
小结	
反思与优化	
组件作品图像	
组件及应用产品图像	
组件及应用产品工作视频	
生产部评审意见	
技术质量部评审意见	
教师评价	
企业导师评价	

81

3-4-5 半片光伏组件的测试与优化评价单

项目名称	半片光伏组件的设计与制作		班级		姓名	
组号				指导教师		

	考核内容	考核标准	满分	得分
小组成绩 (30%)	实操准备	计划单填写认真,分工明确、时间分配合理	10	
		器材准备充分、数量和质量合格	10	
	实操清场	能及时完成器材的整理、归位	10	
		清场时,会关闭门窗、切断水电	10	
	任务完成	按时完成任务、效果好	20	
	演示和汇报	能有效收集和利用相关文献资料	10	
		能运用语言、文字进行准确表达	10	
	产品样品	工艺正确可行	10	
	创新性	选题科学、内容新颖,具有探索性和前景价值	10	
		合计	100	

	考核内容	考核标准	满分	得分
个人成绩 (70%)	操作能力	操作规范、有序	20	
	任务完成	工作记录填写正确	10	
	课堂表现	遵守学习纪律,正确回答课堂提问	10	
	课后作业	按时完成作业,准确率高	10	
	考勤	按时出勤,无迟到、早退和旷课	10	
	自我管理	能按计划单完成相应任务	10	
	团队合作	能与小组成员分工协作,完成项目准备、清场等工作	10	
	表达能力	能与小组成员进行有效沟通,演示和汇报质量高	10	
	学习能力	能按时完成信息单,准确率高	10	
		合计	100	

总体评价	

4-1-1　创新型光伏组件的工作方案制订信息单

项目名称	创新型光伏组件的设计与制作	班级		姓名	
组号			指导教师		

1. 太阳能光伏光热一体化组件的主要结构是什么？

2. 彩色光伏组件是怎样做成的？

3. 彩色薄膜光伏组件的结构是怎样的？

4. 异型光伏组件包含哪些组件？请举例说明。

5. 光伏陶瓷瓦的特点是什么？

6. 光伏陶瓷瓦的结构是怎样的？

7. 半柔性光伏组件是如何做成的？

8. 光伏陶瓷瓦的工艺流程包含哪些工序和步骤？

4-1-2　创新型光伏组件的工作方案制订准备计划单

项目名称	创新型光伏组件的设计与制作		班级		姓名	
组号				指导教师		

人员分工	姓名	工作内容要点	备注

进程安排	时间	工作内容要点	备注

原材料	名称	准备方法	用量

设备工具	名称	规格型号	数量	名称	规格型号	数量

4-1-3　创新型光伏组件的工作方案制订过程记录单

项目名称	创新型光伏组件的设计与制作	班级		姓名	
组号			指导教师		

(一)光伏组件的类型和规格确定记录

	组件的用途	
客户要求	组件的性能要求	
	组件的类型	
	组件的功率	
	组件的长×宽×高度尺寸	

操作人：　　　　　　　　复核人：　　　　　　　　日期：

(二)光伏组件的结构简图(可手工绘制)

光伏组件结构简图

操作人：　　　　　　　　复核人：　　　　　　　　日期：

(三)光伏组件的工艺流程图

光伏组件工艺流程图

操作人：　　　　　　　　复核人：　　　　　　　　日期：

(四)光伏组件制作工艺步骤

光伏组件制作工艺步骤

操作人：　　　　　　　　复核人：　　　　　　　　日期：

续表

(五)每个工序所需的原材料、设备及辅助工具

工序	原材料	设备及辅助工具

操作人： 　　复核人： 　　日期：

(六)组件样品检验合格的标准

序号	项目	
1	外观	
2	电学性能	
3	装配尺寸	
4	应用	
5	依据标准	

操作人： 　　复核人： 　　日期：

(七)光伏组件应用产品连线简图

光伏组件应用产品连线简图

操作人： 　　复核人： 　　日期：

4-1-4 创新型光伏组件的工作方案制订报告单

项目名称	创新型光伏组件的设计与制作	班级		姓名	
组号			指导教师		

制作目的	
方案描述	

方案审核意见： 签名：	生产部会签意见： 签名：

改进建议：

生产部评审意见	
技术质量部评审意见	
审批意见	

4-1-5　创新型光伏组件的工作方案制订评价单

项目名称	创新型光伏组件的设计与制作		班级		姓名	
组号				指导教师		

	考核内容	考核标准	满分	得分
小组成绩 （30%）	实操准备	计划单填写认真，分工明确、时间分配合理	10	
		器材准备充分、数量和质量合格	10	
	实操清场	能及时完成器材的整理、归位	10	
		清场时，会关闭门窗、切断水电	10	
	任务完成	按时完成任务、效果好	20	
	演示和汇报	能有效收集和利用相关文献资料	10	
		能运用语言、文字进行准确表达	10	
	工作方案	观测指标合理、操作方法正确可行	10	
		选题科学、内容新颖，具有探索性和前景价值	10	
		合计	100	

	考核内容	考核标准	满分	得分
个人成绩 （70%）	创新能力	选题科学、内容新颖，具有探索性和前景价值	10	
	操作能力	操作规范、有序	10	
	任务完成	工作记录填写正确	10	
	课堂表现	遵守学习纪律，正确回答课堂提问	10	
	课后作业	按时完成作业，准确率高	10	
	考勤	按时出勤，无迟到、早退和旷课	10	
	自我管理	能按计划单完成相应任务	10	
	团队合作	能与小组成员分工协作，完成项目准备、清场等工作	10	
	表达能力	能与小组成员进行有效沟通，演示和汇报质量高	10	
	学习能力	能按时完成信息单，准确率高	10	
		合计	100	

总体评价	

4-2-1　创新型光伏组件的版型设计与图纸绘制计划单

项目名称	创新型光伏组件的设计与制作	班级		姓名	
组号				指导教师	
人员分工	姓名		工作内容要点		备注
进程安排	时间		工作内容要点		备注

续表

	名称	参数	用量
原材料			

	名称	规格型号	数量
设备工具			

4-2-2　创新型光伏组件的版型设计与图纸绘制记录单

项目名称	创新型光伏组件的设计与制作	班级		姓名	
组号			指导教师		

（一）光伏组件已知参数记录

光伏组件功率要求	
光伏组件电压要求	
光伏组件电流要求	
光伏组件尺寸要求	
光伏组件使用性能要求	

操作人：　　　　　　　复核人：　　　　　　　日期：

（二）计划使用太阳电池片的参数记录

太阳电池片的类型		太阳电池片的尺寸	
太阳电池片的功率		太阳电池片的开路电压	
太阳电池片的栅线个数		太阳电池片栅线线型（断栅/连续栅）	
太阳电池片正面图像		太阳电池片反面图像	

操作人：　　　　　　　复核人：　　　　　　　日期：

（三）光伏组件设计过程记录

1.确定太阳电池片的数量	
2.确定太阳电池片的划片数量	
3.版型设计	

操作人：　　　　　　　复核人：　　　　　　　日期：

91

续表

(四)光伏组件设计版型图

<table>
<tr><td colspan="6" align="center">光伏组件设计版型图</td></tr>
<tr><td colspan="6" height="400"></td></tr>
<tr><td>操作人:</td><td></td><td>复核人:</td><td></td><td>日期:</td><td></td></tr>
</table>

(五)光伏组件设计细节尺寸记录

电池片与电池片的间距		电池串与电池串的间距	
电池片离玻璃边缘的距离		汇流条引线间距	
汇流条引线离玻璃边缘的距离		光伏组件长宽高尺寸	
操作人:	复核人:		日期:

(六)光伏组件与应用产品装配尺寸检查

光伏组件设计长宽高	
应用产品所需组件长宽高	
误差范围	
操作人:	复核人: 日期:

4-2-3 创新型光伏组件的版型设计与图纸绘制核验单

项目名称	创新型光伏组件的设计与制作	班级		姓名	
组号			指导教师		
图纸描述					
光伏组件图纸					
方案审核意见： 签名：			生产部会签意见： 签名：		
改进建议：					
生产部评审意见					
技术质量部评审意见					
审批意见					

4-2-4 创新型光伏组件的版型设计与图纸绘制评价单

项目名称	创新型光伏组件的设计与制作		班级		姓名	
组号				指导教师		

	考核内容	考核标准	满分	得分
小组成绩 （30%）	实操准备	计划单填写认真，分工明确、时间分配合理	10	
	实操准备	器材准备充分，数量和质量合格	10	
	实操清场	能及时完成器材的整理、归位	20	
	实操清场	清场时，会关闭门窗、切断水电	10	
	任务完成	按时完成任务、效果好	20	
	演示和汇报	能有效收集和利用相关文献资料	10	
	演示和汇报	能运用语言、文字进行准确表达	10	
	设计图纸	观测指标合理，操作方法正确可行	10	
		合计	100	

	考核内容	考核标准	满分	得分
个人成绩 （70%）	操作能力	操作规范、有序	20	
	任务完成	工作记录填写正确	10	
	课堂表现	遵守学习纪律，正确回答课堂提问	10	
	课后作业	按时完成作业，准确率高	10	
	考勤	按时出勤，无迟到、早退和旷课	10	
	自我管理	能按计划单完成相应任务	10	
	团队合作	能与小组成员分工协作，完成项目准备、清场等工作	10	
	表达能力	能与小组成员进行有效沟通，演示和汇报质量高	10	
	学习能力	能按时完成信息单，准确率高	10	
		合计	100	

总体评价	

4-3-1　创新型光伏组件的制作计划单

项目名称	创新型光伏组件的设计与制作		班级		姓名	
组号				指导教师		
人员分工	姓名		工作内容要点		备注	
进程安排	时间		工作内容要点		备注	
原材料	名称		参数		用量	
设备工具	名称	规格型号	数量	名称	规格型号	数量

4-3-2　创新型光伏组件的制作记录单

项目名称	创新型光伏组件的设计与制作		班级		姓名	
组号					指导教师	

(一)太阳电池分选记录

准备	太阳电池片型号		标准太阳电池片型号	
	分选机操作流程指导书		设备电路、气路检查	
	指套/手套		台面清洁	
标定	开机流程		软件操作流程	
	标定参数设置		标定误差	
	标准片参数			
测试	测试参数组编号	开路电压	短路电流	功率	效率
设备整理	关机流程		台面清洁	
	设备记录本填写		余料存放	
操作人：		复核人：		日期：	

(二)激光划片记录

准备	太阳电池片/数量		直尺	
	激光划片机操作流程指导书		设备电路、气路检查	
	指套/手套		台面清洁	
划片	开机流程		划片操作流程	
	划片参数设置		设置参数文件保存	
	激光划片路径图			
掰片	掰片数量		电池单元尺寸核查	
设备整理	关机流程		台面清洁	
	设备记录本填写		余料存放	
操作人：		复核人：		日期：	

续表

(三)单焊记录

准备	焊接台开启		加热板开启	
	加热板温度		电池片数量核查	
	电烙铁开启		电烙铁温度	
	助焊剂		涂锡焊带	
	手套/指套		剪刀/尖嘴钳	
	台面清洁		电烙铁测温仪	
单焊	单焊示意图			
焊接质量检查	外观检查		焊接可靠性检查	
设备整理	关闭电烙铁电源		关闭加热板电源	
	关闭焊接台电源		台面清洁	
	设备记录本填写		工具整理存放	

操作人：　　　　　复核人：　　　　　日期：

(四)串焊记录

准备	焊接台开启		加热板开启	
	加热板温度		电池片数量核查	
	电烙铁开启		电烙铁温度	
	助焊剂		涂锡焊带	
	手套/指套		剪刀/尖嘴钳	
	台面清洁		电烙铁测温仪	
串焊	串焊示意图			
焊接质量检查	外观检查		焊接可靠性检查	
	电池串正负极		电池片间距检查	
设备整理	关闭电烙铁电源		关闭加热板电源	
	关闭焊接台电源		台面清洁	
	设备记录本填写		工具整理存放	

操作人：　　　　　复核人：　　　　　日期：

续表

(五)叠层铺设记录

准备	叠层铺设台		裁切台	
	EVA		电池串	
	背板		前面板玻璃	
	胶带		恒温电烙铁	
	汇流带		手套/指套	
	台面清洁		直尺	
叠层铺设	叠层铺设布排示意图			
铺设检查	上 EVA 绒面朝向		下 EVA 绒面朝向	
	背板哑光面朝向		EVA 尺寸	
	背板尺寸		面板玻璃尺寸	
	电池串间距		电池片间距	
	汇流带与面板间距		汇流带与电池片间距	
设备整理	关闭电压表电源		关闭电流表电源	
	关闭电烙铁电源		台面清洁	
	设备记录本填写		工具整理存放	

操作人：　　　　　　复核人：　　　　　　日期：

(六)半成品测试记录

准备	室内太阳光源		电压表	
	电流表		电池串	
	汇流带		恒温电烙铁	
	涂锡焊带		手套/指套	
	台面清洁		直尺	
电池阵列	电池阵列布排示意图			
半成品性能测试	电压数值		电流数值	
	是否需要返工			
设备整理	关闭电压表电源		关闭电流表电源	
	关闭电烙铁电源		台面清洁	
	设备记录本填写		工具整理存放	

操作人：　　　　　　复核人：　　　　　　日期：

续表

(七)层压工艺过程记录

准备	层压机		设备电路、气路检查	
	层压机操作流程指导书		层压机设置参数	
	叠层铺设好的材料		工具箱(钳子等)	
	高温布四块		胶带	
	刮板		耐高温手套	
	设备台面清洁		设备腔体清洁	
层压	层压温度		层压时间	
	记录操作过程可能造成不合格组件的工艺步骤			
固化	固化时间		层压效果	
设备整理	层压机腔体清洁		层压机电源关闭	
	高温布清洁		台面清洁	
	设备记录本填写		工具整理存放	

操作人：　　　　　复核人：　　　　　日期：

(八)修整记录

准备	小刀		直尺	
	酒精		清洁布	
修整	边缘修整		背板清洁	
	组件图			
设备整理	组件产品存放		台面清洁	
	设备记录本填写		工具整理存放	

操作人：　　　　　复核人：　　　　　日期：

续表

(九)装边框记录

准备	组框机		设备电路、气路检查	
	组框机操作流程指导书		组框机设置参数	
	需要装框的组件		工具箱(钳子等)	
	铝合金边框部件		手套	
	硅胶		设备台面清洁	
组框	注入密封硅胶		固化时间	
	装边框后的组件的图像			
设备整理	组框机气路关闭		组框机电源关闭	
	设备记录本填写		机器清洁	
	工具整理存放			

操作人：　　　　　复核人：　　　　　日期：

(十)装接线盒记录

准备	接线盒		组件	
	焊锡		电烙铁	
	二极管		有机硅胶	
	螺钉旋具		螺钉	
	透明胶带		手套/指套	
	台面清洁			
装接线盒	接线盒连接示意图			
固化	固化时间		安装接线盒效果	
设备整理	电烙铁电源关闭		台面清洁	
	设备记录本填写		工具整理存放	

操作人：　　　　　复核人：　　　　　日期：

4-3-3　创新型光伏组件的制作报告单

项目名称	创新型光伏组件的设计与制作	班级		姓名	
组号			指导教师		
制作小结					
制作分析					
生产部评审意见					
技术质量部评审意见					
改进建议					

101

4-3-4 创新型光伏组件的制作评价单

项目名称	创新型光伏组件的设计与制作		班级		姓名	
组号				指导教师		

	考核内容	考核标准	满分	得分
小组成绩 （30%）	实操准备	计划单填写认真，分工明确、时间分配合理	10	
		器材准备充分，数量和质量合格	10	
	实操清场	能及时完成器材的整理、归位	20	
		清场时，会关闭门窗、切断水电	10	
	任务完成	按时完成任务，效果好	20	
	演示和汇报	能有效收集和利用相关文献资料	10	
		能运用语言、文字进行准确表达	10	
	产品样品	工艺正确可行	10	
		合计	100	

	考核内容	考核标准	满分	得分
个人成绩 （70%）	操作能力	操作规范、有序	20	
	任务完成	工作记录填写正确	10	
	课堂表现	遵守学习纪律，正确回答课堂提问	10	
	课后作业	按时完成作业，准确率高	10	
	考勤	按时出勤，无迟到、早退和旷课	10	
	自我管理	能按计划单完成相应任务	10	
	团队合作	能与小组成员分工协作，完成项目准备、清场等工作	10	
	表达能力	能与小组成员进行有效沟通，演示和汇报质量高	10	
	学习能力	能按时完成信息单，准确率高	10	
		合计	100	

总体评价	

4-4-1　创新型光伏组件的测试与优化计划单

项目名称	创新型光伏组件的设计与制作		班级		姓名	
组号				指导教师		
人员分工	姓名		工作内容要点		备注	
进程安排	时间		工作内容要点		备注	

续表

原材料	名称	参数	用量

设备工具	名称	规格型号	数量

4-4-2　创新型光伏组件的测试与优化记录单

项目名称	创新型光伏组件的设计与制作	班级		姓名	
组号				指导教师	

(一)外观测试记录

外观	背板	
	电池片	
	图形排列	
	正面气泡	
	异物	
	玻璃	
	边框	
	接线盒	
	配件、标贴	
	材料	

操作人：　　　　　　　复核人：　　　　　　　日期：

(二)电学性能测试记录

电学性能	在模拟光源下,组件的电压数值	
	在模拟光源下,组件的电流数值	
	在模拟光源下,组件的效率数值	
	在模拟光源下,组件的功率数值	
	耐压绝缘数值	
	I—V 曲线简图	

设备整理	关闭设备电源		台面清洁	
	设备记录本填写		工具整理存放	

操作人：　　　　　　　复核人：　　　　　　　日期：

105

续表

(三)与设计方案对比					
与设计方案对比	设计方案长宽高尺寸		组件长宽高尺寸		
	设计方案电池串间距		组件电池串间距		
	设计方案电池片间距		组件电池片间距		
	设计方案功率		组件功率		
操作人：		复核人：		日期：	

(四)装配调试记录

装配	光伏组件按照应用场景要求装配调试,工作情况	
调试	组件工作示意图或图片	
操作人：	复核人：	日期：

(五)设备操作整理记录

设备整理	关闭设备电源		台面清洁	
	设备记录本填写		工具整理存放	
操作人：		复核人：	日期：	

4-4-3　创新型光伏组件的测试与优化报告单

项目名称	创新型光伏组件的设计与制作	班级		姓名	
组号			指导教师		
小结					
反思与优化					
组件作品图像					
组件及应用产品图像					
组件及应用产品工作视频					
生产部评审意见					
技术质量部评审意见					
教师评价					
企业导师评价					

107

4-4-4 创新型光伏组件的测试与优化评价单

项目名称	创新型光伏组件的设计与制作		班级		姓名	
组号				指导教师		

小组成绩（30%）	考核内容	考核标准	满分	得分
	实操准备	计划单填写认真，分工明确、时间分配合理	10	
		器材准备充分，数量和质量合格	10	
	实操清场	能及时完成器材的整理、归位	10	
		清场时，会关闭门窗、切断水电	10	
	任务完成	按时完成任务，效果好	20	
	演示和汇报	能有效收集和利用相关文献资料	10	
		能运用语言、文字进行准确表达	10	
	产品样品	工艺正确可行	10	
	创新性	选题科学、内容新颖，具有探索性和前景价值	10	
		合计	100	

个人成绩（70%）	考核内容	考核标准	满分	得分
	操作能力	操作规范、有序	20	
	任务完成	工作记录填写正确	10	
	课堂表现	遵守学习纪律，正确回答课堂提问	10	
	课后作业	按时完成作业，准确率高	10	
	考勤	按时出勤，无迟到、早退和旷课	10	
	自我管理	能按计划单完成相应任务	10	
	团队合作	能与小组成员分工协作，完成项目准备、清场等工作	10	
	表达能力	能与小组成员进行有效沟通，演示和汇报质量高	10	
	学习能力	能按时完成信息单，准确率高	10	
		合计	100	

总体评价	

定价：49.00元

ISBN 978-7-122-41447-2

定价：49.00元